不管幾歲都時髦

bonpon

人氣 KOL 的手作
夫婦情侶裝

不管幾歲都時髦

bonpon

人氣 KOL 的手作
夫婦情侶裝

Let's get
Sewing!

不管幾歲都時髦
bonpon
人氣 KOL 的手作
夫婦情侶裝

INTRODUCTION

─ 前言 ─

各位讀者,初次見面你們好!

我們是居住在日本仙台的60世代夫婦。

以丈夫bon和妻子pon組合成「@bonpon511」的帳號名稱,

持續在Instagram發表兩人的穿搭照。

至於「511」則是源自於兩人的結婚紀念日5月11日。

在女兒的建議之下,將兩人在家中及戶外拍攝的情侶裝上傳至IG,

出乎意料的被廣大網友看見我們上傳的照片。

現在居然還能因此出書圓夢,

這一切都要歸功於支持我們的粉絲們!

本次出版的書籍,是一本以手作洋裁為概念的裁縫書。

如果能讓讀者也體驗到親手製作原創單品的樂趣,

我將感到無比開心。

Instagram
@bonpon511

84萬名粉絲!!
夫妻倆的情侶穿搭術持續發文中!

CONTENTS

about this book!

關於本書

本次出版的,是一本關於「以喜歡的布料製作出原創服裝」的裁縫書。

雖然平時都穿著市售的服裝,但原本就對手作服很感興趣,又接到來自出版社的裁縫書企劃邀約,因此下定決心挑戰製作這本書。因為有所謂『易於手作』的觀點,以及裁縫的技術層面。一方面藉助出版社專業的建議,一方面試著作出屬於我

們風格的設計。

版型輪廓該如何設計?布料又該如何挑選?從頭開始到一件衣服縫製完成的體驗,都是令人欣喜又期待的經驗。

我們兩人的穿搭,一直都是以互相搭配的服裝為特點,並非完全的情侶裝扮,而是將色調及花樣的部分一致當成關鍵。「今天就選格紋來搭配吧!」「要不要試著以紅色來統一呢?」像這樣配合不同的主題作穿搭。本書也特別講究使用同款的布料,或是將色彩作相關連的搭配,在各方面都試著下足了功夫。

當然，並不是非要兩人一起穿著才行。每件單品就算一個人穿，也可以很可愛！請務必輕鬆地穿搭，這將使我們倍感榮幸。

特別是平時pon穿著的衣服，大部分是以棉質或麻布等素材製成，直筒連身裙或簡約的裙子居多，所以才能夠順理成章地大量提出女性讀者們都能輕鬆手作的作品提案。

我們雖屬年長的60世代，但平時並不會特別去購買適合年長者的衣服，而是購買年輕人也會穿著的基本款服裝。

我想這次設計的服裝，也應該不管年齡，讓20歲至70歲的廣大年齡層都能夠穿著的吧！

無論是喜歡布作的、喜歡手作的、

和我們一樣同為銀髮族的、

過了60歲，猶豫不知道該穿什麼才好的人、

或是想要修飾體型的、

不在意年紀想要追隨流行的、

以及親子或夫婦想要穿著親子裝或情人裝的……

請大家一定要親自體驗本書的製作樂趣，將會讓我們無比開心！

choosing cloths...

關於尺寸

本書的衣服分為 S、M、L、LL 的 4 種尺寸。
依照下列的尺寸表（裸體尺寸）為基準進行製作。

女士

部位＼尺寸		S	M	L	LL
三圍尺寸	胸圍	79	84	88	93
	腰圍	62	66	69	73
	臀圍	84.5	90	94.5	100
長度尺寸	背長	37	38	39	40
	股上長	25	26	26.5	27.5
	股下長	68	70	72	73
	袖長	52	53	54	55
	身高	153	158	162	166

男士

部位＼尺寸		S	M	L	LL
三圍尺寸	胸圍	92	96	100	106
	腰圍	80	84	88	94
	臀圍	90	94	98	103
長度尺寸	背長	48	49	50	52
	袖長	55	57	58	60
	身高	165	170	175	180

模特兒穿著尺寸與身高

——— 穿著 LL 尺寸 ———

身高160cm

——— 穿著 M 尺寸 ———

身高170cm

——— 穿著 M 尺寸 ———

身高172cm

——— 穿著 L 尺寸 ———

身高183cm

關於布料

本書使用的布料，一律使用「大塚屋」的布品。
讀者可以從下列商店購買。

商品數量有限。有可能在未公告的情況下停止販售，敬請見諒。

各式各樣的
布料琳瑯滿目！

服地・家の布・生活ホビー

日本最大規模的布料專門店「大塚屋」。
以西服衣料為首，居家裝飾或特殊的布料也相
當齊全的店內，絕對有值得一看的價值！

〔名古屋〕 車道本店

愛知縣名古屋市東區葵 3-1-24
☎ 052-935-4531
地下鐵櫻通線　車道車站4號出口正前方

〔大阪〕 江坂店

大阪府吹田市豐津町 13-38
☎ 06-6369-1236
地下鐵江坂車站4號出口　往西徒步約5分鐘

〔岐阜〕 岐阜店

岐阜縣岐阜市長住町 1-20
☎ 058-264-6551
從名鐵岐阜車站往東150 m、徒步約3分鐘

網路商店　https://otsukaya.co.jp/store/

官方TWITTER　@otsukayanetshop

Instagram　@otsukayanetshop

Let's get sewing!

BONPON'S STYLE

bonpon親手設計的手作服。
其中還包括所有單品透過組合後，變換出不同的搭配穿著，
請試著對照P. 22與P. 40的穿搭法作為參考。

INDEX

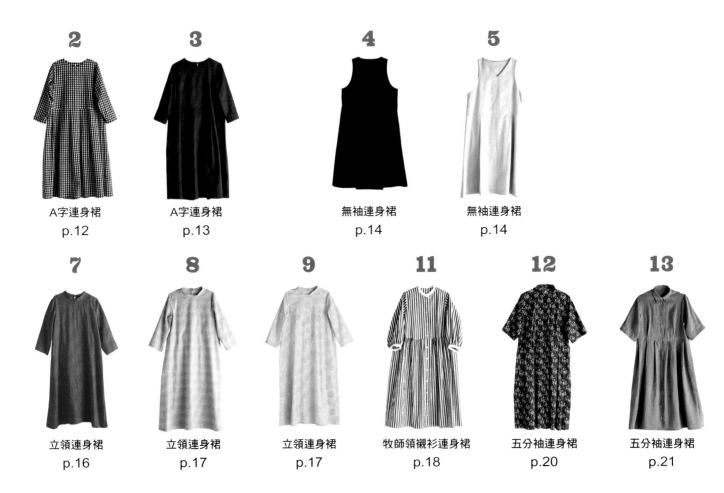

▬ PANTS & SKIRT 褲子 & 裙子

24

直筒褲
p.33

25

直筒褲
p.34

26

縐褶裙
p.35

27

氣球泡泡裙
p.36

28

寬褲
p.37

30

半圓裙
p.38

▬ BAG & ACCESSORY 手提袋&飾品

31 · 32 · 33

圓形托特包
p.44

34

肩背包
p.46

36

零碼布包釦胸針
p.47

【 BON'S STYLE 】

1

基本款襯衫
p.12

6

基本款襯衫
p.16

10

牧師領襯衫
p.18

14

基本款襯衫
p.26

17

點點花樣襯衫
p.28

20

無領短外套
p.30

22

夏季短外套
p.32

29

圍巾
p.38

35

機能型斜背小物袋
p.47

PART 1

襯衫 & 連身裙

SHIRT & ONE-PIECE

BON'S STYLE

1

基本款襯衫

標準領的簡約男士襯衫,使
用與連身裙同款的黑色格紋
布料製作而成。

How to make ▶ P. 66

PON'S STYLE

2

A字連身裙

腰身剪接添加褶襉,裙身版
型直線下拉的連身裙。
雖然帶著寬鬆感,但視覺上
則顯現出簡潔俐落的線條。

How to make ▶ P. 58

different sizes!

M SIZE　　M SIZE　　LL SIZE　　L SIZE

頸部後方設計
了鈕釦開口。

穿起來
感覺寬鬆舒適，
且輕鬆自在的設計。

PON'S STYLE

3

亦可用素面布製作出與
2 相同的設計。使用海
軍藍的棉麻布，營造出
典雅的氛圍。

→於P.30、P.45穿著。

無袖連身裙

使用亞麻布料製作的V領自然風
無袖連身裙。
也可和P. 28的罩衫一起穿搭。

How to make ▶ P. 62

PON'S STYLE
4

PON'S STYLE
5

cute!

和P. 28的 **18** 罩衫
一起穿搭的模樣。

依照腰間的剪接
設計及褶襉，使
後側的版型輪廓
也顯得俐落有
型。

帶有垂墜感的亞麻布料，
將褶襉襯托得更加美麗出眾。

6

基本款襯衫

以紅色的格紋布製作的男
士襯衫,用來搭配紅色連身
裙。可使用P. 12的 **1** 相同紙
型製作。

How to make ▶ P. 66

7

立領連身裙

使用顯色度相當美麗的紅色
亞麻布所製成的立領連身
裙。前側屬於垂墜感的簡約
設計,後側則屬抽拉細褶的
抓褶設計。

How to make ▶ P. 70

P. 44
的 **31** 提袋

後側利用細褶
營造出寬鬆感。

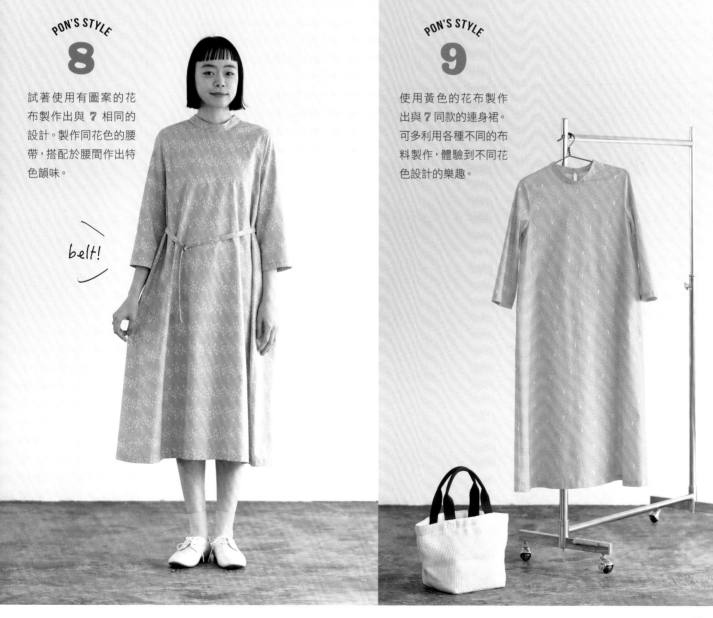

8

試著使用有圖案的花
布製作出與 **7** 相同的
設計。製作同花色的腰
帶,搭配於腰間作出特
色韻味。

belt!

9

使用黃色的花布製作
出與 **7** 同款的連身裙。
可多利用各種不同的布
料製作,體驗到不同花
色設計的樂趣。

牧師領襯衫

直條紋的襯衫,領子及袖子
使用不同布料來點綴。衣身
與P. 12的 **1** 共用紙型,只有
領子不一樣。

How to make ▶ P. 65

牧師領襯衫連身裙

能夠於休閒時間穿著的襯
衫連身裙。除了可直接單穿,
也可以將前側鈕釦打開,當
作是長外套來穿搭的便利
單品。

How to make ▶ P. 76

\ stripe! /

M SIZE

M SIZE

LL SIZE

L SIZE

在腰部添加了大量的細褶，
很推薦用來修飾體型。

肩上剪接改變了直條紋的方向。

可以直接穿，也可以打開前側變成外套。

flower pattern

12

五分袖連身裙

附有領子的連身裙，可變換風格，穿搭出休閒風或高雅感。以別具時尚感的 LIBERTY 印花布製作而成。

How to make ▶ P. 73

套上P. 30的 **21** 短外套也顯得相當出色。

從春季到
秋季皆能跨季穿著，
令人開心的
百搭五分袖設計。

由於在腰部上下
都添加了褶襉，
有收縮的效果，
穿起來更顯高雅成熟的大人風。

PON'S STYLE
13

使用素面的亞麻布，
製作與 12 相同的連
身裙，營造出休閒風
的感覺。

搭配P. 44
的 33 手提袋。

natural!

BONPON'S COORDINATE Ⅰ

本單元將介紹以P.12至21中，介紹的襯衫及連身裙為主的穿搭組合。

連身裙在pon平常的穿搭中，也是登場率極高的單品。

可以直接穿，也可再套件開襟外套，或打開前側當成長外套，

或點綴一個胸針⋯⋯可享受各式各樣的不同搭配穿著，因此特別推薦！

一起穿搭的單品，則是以不受流行左右的基本款式為主。

也經常活用Uniqlo或GU等平價時尚品牌。

開襟衫  開襟衫

blue & red !

1

2

以格紋為基礎，再加入藍與紅的原色

不論bon或是pon，開襟衫是平日就經常選用的單品，也很喜歡Uniqlo的基本款開襟衫。
只要挑選顯色美麗的顏色，就算是年長一輩的人，也不易看出肌膚暗沉的缺點，因此值得
大力推薦。

with bags !

1

2

35

34

整體以黑色為主，重點點綴紅色

bon在 **1** 的格紋襯衫上搭配了 **35** 的機能型斜背小物袋，作出以單一色彩統整的休閒風
格。在 **2** 的連身裙上，對比的紅色反差更顯得搭配出眾。再配上 **34** 的肩背包，襪子也添
加了紅色作為呼應。

黑色西裝外套

黑色開襟衫

6

2

皮革手提袋

呈現整潔俐落感的外出穿搭

適合外出前往美術館等地參觀的裝扮。穿著紅與黑兩種不同顏色的格紋，**bon**套上黑色西裝外套、**pon**則罩著黑色開襟衫，兩人詮釋出情侶裝的感覺。襪子與手提袋則導入了紅色元素。

inner change!

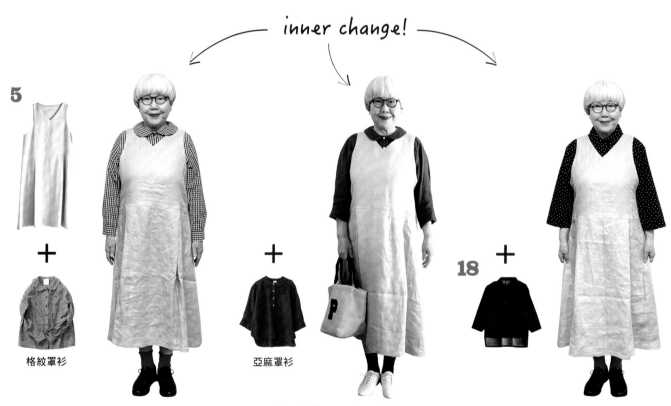

5

格紋罩衫

亞麻罩衫

18

變換穿搭無袖連身裙

5 的無袖連身裙，可藉由改變內搭，享受變換各種不同的穿搭樂趣。左側內搭了格紋的圓領罩衫、中間內搭藍色的亞麻罩衫、右側則試著改穿 **18** 的點點花樣罩衫。

monotone

黑色西裝外套

+

10

黑色開襟衫

+

11

以黑色營造出簡潔、時尚的印象

將 **10** 的襯衫與 **11** 的襯衫連身裙，以黑色的單一色調整合後，穿出帥氣風格。**bon**穿上黑色的西裝外套，**pon**則外搭黑色的開襟衫。自從成為銀髮族之後，也變得很適合穿搭時尚的服裝。

10

+

35

11

+

34

3

+

11

運用肩背包作出特色點綴

10 的襯衫與 **11** 的襯衫連身裙也與包包相當搭配。由於 **34** 肩背包的肩帶為寬版，因此更能帶出視覺上的特色重點。兩人的襪子也導入了紅色元素，易於展現出華麗感的紅色，是穿著頻率很高的色彩。

將連身裙穿成長外套風格

11 的襯衫連身裙，亦可打開前側，當成長外套來穿搭，為其魅力所在。外搭於 **3** 的簡約連身裙上，就成為了多層次穿搭造型。

PART 2

襯衫 & 兩件式套裝

SHIRT & TWO-PIECE

BON'S STYLE

14

基本款襯衫

以清爽的藍色格紋布製作
的男士襯衫。搭配丹寧褲，
穿出休閒風。

How to make ▶ P. 66

PON'S STYLE

15

簡約款上衣

能夠應用P.12的 **2** 連身裙
紙型製作的長袖簡約款上
衣。使用薄透清涼舒適的藍
色亞麻布製作而成。

How to make ▶ P. 61

PON'S STYLE

16

綯褶裙

可以和上衣一起穿搭的綯褶
裙，腰部鬆緊帶讓人穿起來
輕鬆自在。

How to make ▶ P. 78

M SIZE   LL SIZE   M SIZE   L SIZE

fresh blue!

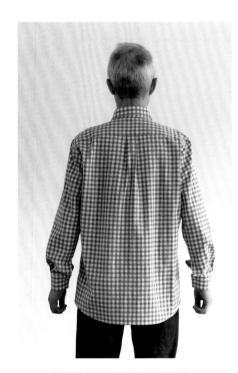

容易配合不同穿搭的版型輪廓。

只要使用乾爽細滑的亞麻布製作，
就連夏季也能穿著。

背部的鈕釦部分設計了淚滴型開口。

點點花樣襯衫

使用與 **18·19** 不同顏色
的點點花布製作的襯衫。因
為是小小的圓點花樣,所以
男士也能輕鬆駕馭。

How to make ▶ P. 66

點點花樣套裝

除了可以單穿之外,也能當
作套裝穿搭的罩衫&裙子組
合。透過上下整合成套的穿
搭,得以詮釋出自然不造作
的時尚感。

How to make ▶
18…P. 80
19…P. 78

由於罩衫有前後差，且加上了側開叉，
推薦僅將前片下襬塞進上衣的穿搭法。

建議 **18** 的罩衫亦可搭配P.14的
5 無袖連身裙。

18

19

nice
couple...

PART 3

短外套 & 長大衣
JACKET & COAT

20

無領短外套

使用具有高級感的人字呢布
料製作而成的男士短外套。
為了方便製作，因此設計了
無領款式。

How to make ▶ P. 83

21

亞麻短外套

圓領及弧線型的下襬，呈現
出優美柔和氛圍的短外套。
一方面有著輕鬆悠閒的穿著
感受，一方面展現出整潔俐
落的感覺，是一件令人滿意
的單品。

How to make ▶ P. 86

配上P.13的 **3** 連身裙。

搭配P.20的 **12** 連身裙。

使用有厚度的人字呢亞麻布料，
縫製出具有高級感的作品。

夏季短外套

使用青年布製作,適合初夏
時節穿著的休閒短外套。建
議可將衣襟前側打開,穿起
來較為輕便隨性。

How to make ▶ P. 83

休閒長大衣

除了可搭長褲,也能輕鬆搭
配連身裙或裙子的訂製風
長大衣。捲起袖子,即可穿
出休閒風格。

How to make ▶ P. 89

扣起衣襟前
側的模樣。

於背部添加褶襉，
使腰圍及臀部
不易顯露出缺陷的
版型輪廓。

coordinate

用來搭配的白色褲子是以不同顏
色來製作P. 34的 **25** 直筒褲，
與長大衣的搭配度極佳。

PON'S STYLE

24

直筒褲

How to make ▶ P. 92

PART 4

褲子 & 裙子
PANTS & SKIRT

臀部也能漂亮地修飾。

腰間添加褶襉，
使下襬塑出立體形狀的輪廓。

PON'S STYLE
25

直筒褲

刻意將腰間與臀部間作成豐
滿狀，並將下襬收緊的直筒
褲。講究一邊修飾體型，一邊
不過度呈現分量感的款式。

How to make▶ P. 92

繡著可愛熊熊臉的刺繡雙層紗。

PON'S STYLE

26

縐褶裙

使用色彩鮮豔的綠色布料製作的基本款裙子。因為是製作箱型褶，相較於百褶裙，腰圍會看起來更俐落有型。

How to make ▶ P. 78

PON'S STYLE
27

氣球泡泡裙

裙襬處抽拉縐褶後，呈現出氣球感的裙子，以白色素面布營造出時尚感。與時尚服飾一起穿搭，也令人感到有趣的設計。

How to make ▶ P. 94

round design...

PON'S STYLE

28

寬褲

褲管寬闊的寬褲,選用隨機分布的水玉點點花樣,顯得十分可愛。依照不同的搭配,可以變換穿搭出時尚感或女孩風。

How to make ▶ P. 96

wide

使用柔軟加工的細平印花布,一年四季穿著都OK。

圍巾

以雙層紗製作出鬆軟的優質圍巾。使用與裙子相同的幾何圖案布料，作出情侶穿搭感。

How to make ▶ P. 101

半圓裙

以180°的半圓所製作完成的裙子，帶有柔和垂墜感的版型輪廓深具魅力。

How to make ▶ P. 98

走動時自然的
垂墜感更顯美麗。

圍巾可以有不同圍法的樂趣。

因為使用雙面的布料,
所以正反兩面皆能使用。

BONPON'S COORDINATE II

本單元將為大家介紹運用上衣、下身、外衣來穿搭的例子。

為了能夠盡可能將本書中所有製作的衣服搭配組合所進行的設計，

請務必去試著體驗各種穿搭的樂趣！

兩人時尚的公式為「①不穿會讓身體線條顯露無遺的貼身材質及半透明材質」、

「②即使夏天也不穿著短袖」、「不穿著頸部敞開的服裝」。

因為為了修飾日益明顯的頸部皺紋及色素斑點，

盡可能地去展現出自己美好的一面。

pants style!

22

橫條紋T恤

23

橫條紋T恤

24

清爽初夏的外出穿搭風

搭配 **22** 的短外套、**23** 的長大衣簡單外搭的清爽風格。男女同款的藏青色橫條紋T恤是在樂天及Uniqlo購買的成衣。配上白色的下半身，營造出清爽的印象。

23

橫條紋T恤

5

直條紋襯衫

24

長大衣配上無袖連身裙

23 的長大衣，不僅可搭配褲子，還能夠變換出多種不同的裝扮。可結合 **5** 的無袖連身裙與橫條紋T恤。

直條紋呈現男孩風的中性穿搭

24 的直筒褲搭配上直條紋印花的襯衫，宛如外國男孩般的中性穿搭。帶有強烈印象的直條紋，也具有顯瘦的效果。

20

白色襯衫

21

formal

3

手提袋

呈現整潔俐落感的外出穿搭

外搭 **20**、**21** 的短外套，呈現出正式的俐落感穿搭。在不錯的餐廳用餐，或前往參加音樂會等場合時，很適合這樣的穿著。手提袋也不是使用一般的布作托特包，而是改搭皮革手提袋。

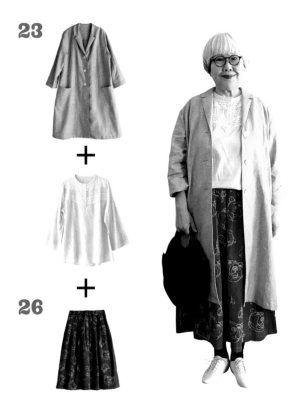

23

26

將長大衣穿出女孩風

23 的長大衣搭配裙子也相當合適。將蕾絲上衣搭配 **26** 的裙子，營造出清新感。色彩鮮豔的綠色，則成為反差的對比色。

21

12

漆皮手提袋

LIBERTY印花布為主角的高雅穿搭風

於LIBERTY花朵圖案連身裙上，穿上亞麻材質的無領短外套，散發出高雅時尚感。再提著Laura Ashley的漆皮手提袋，成為混搭了英國元素的穿衣風格。

雙拼色短外套

白色襯衫

29

短大衣

30

使用同款圖案的冬季穿搭

嘗試將 **29**、**30** 的圍巾&裙子，納入冬天
的穿搭之中。**bon**外搭了一件厚版短外
套，**pon**則外穿短大衣。

vivid

3

32

用來搭配 **3** 的連身裙，
兩個手提袋都很適合！

7

31

胸針

手提袋為主角的簡約穿搭

穿著具有垂墜感因而顯瘦的 **3** 連身裙，手上拿著紅色
的花朵圖案手提袋，就是輕鬆的裝扮。**32** 的花樣手提
袋，是能讓素面連身裙更顯出眾的主角級單品。

紅×黑的摩登穿搭

搭配 **7** 的紅色連身裙，光是拿著 **31**
的圓點手提袋，馬上完成時髦穿搭！
胸前的胸針是以小巾刺繡製作而成的
飾品。

PART 5

手提袋 & 飾品

BAG & ACCESSORY

PON'S STYLE 32

PON'S STYLE 33

圓形托特包

底角作成圓形，袋身渾圓可愛
的托特包，雖然簡單易作，但外
觀好看有質感，是令人開心的設
計。

How to make ▶ P. 100

可以背在
肩上的長度。

搭配簡單款式的衣服，
即可成為穿搭的特色。

sacoche

bag

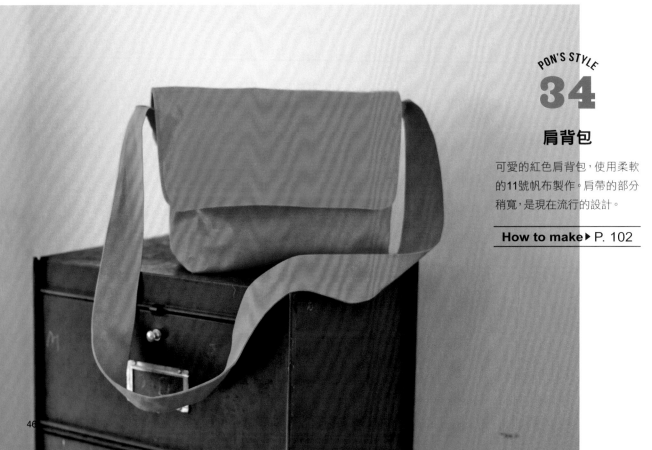

PON'S STYLE

34

肩背包

可愛的紅色肩背包，使用柔軟
的11號帆布製作。肩帶的部分
稍寬，是現在流行的設計。

How to make▶ P. 102

46

35

機能型斜背小物袋

男女皆能使用的樸實簡單款
斜背袋,可用來收納手機或
小錢包等,非常適合短暫外
出時使用。

How to make ▶ P.69

內側使用與P. 18相同的
直條紋布料。

36

零碼布包釦胸針

使用縫製衣服後剩餘的零碼
布,來製作胸針。胸針在pon的
穿搭中也頻繁地出現,是相當
實用的單品。

How to make ▶ P. 103

只要使用「胸針用包釦組」,即可簡單製作!
(提供/可樂牌Clover株式會社)

COLUMN　bonpon的專訪時間

—— **請問開始經營Instagram的契機是什麼呢？**

p「一開始是我女兒的主意。我女兒曾經將我們3人的親子裝扮上傳到她的Instagram，沒想到我和我先生的照片，按「讚！」數好像非常多的樣子……（笑），於是我女兒就對我們說：你們兩人要不要開始經營看看呢？」

b「當時，並沒有像現在這樣，會刻意穿搭成情侶裝，單純像要去美術館時，想說要不要打扮成有一致感再去呢？大概是這樣的感覺。」

p「大致是統一色彩、花樣、材質等某些元素的感覺。一直到開始經營IG之後，才漸漸去享受情侶裝扮的樂趣。」

b「就連現在也是，要我們穿上完全一樣的情侶裝，還是會覺得有點難為情，因此應該就是部分有一致性為重點！」

—— **你們是剛推出帳號，追蹤的粉絲數量就暴風式的增加嗎？**

b「沒錯，連我們自己都大吃一驚！」

p「連台灣及香港等地的新聞也陸續報導，我們的關注度就瞬間爆增了。」

b「現在粉絲數已經超過84萬人。其實只是白髮老先生、老太太站直直的照片而已，竟然得到許多人讚美「好可愛！」「好時髦！」真的滿開心的（笑）。」

p「如今在外面也常常被認出來！有時候在超市買特價便當時，被人認出打招呼之類的糗事還真不少呢（笑）。」

b「但是，看到大家的留言，真的很受鼓勵。」

p「沒錯！像是聽到『想要成為像你們這樣的夫妻！』『老了也要像你們那樣！』的留言，心裡就感到莫名的開心。」

—— **之前有從事過和流行產業相關的工作嗎？**

b「我們兩人都沒有類似經驗。我以前是在廣告公司擔任平面設計師與電視節目的導演。」

p「我是專職的家庭主婦。不過，我們從以前開始就很喜歡流行時尚了。我記得學生時代剛好是Ivy Style（常春藤學院風）最流行的全盛時期，彼此還曾經將常春藤學院風的書籍當作禮物互送給對方。」

b「當時我們也曾經穿著同款的logo運動衫。」

p「真的好懷念喔（笑）！」

—— **兩人是如何認識的呢？**

p「我們是在藝術專門學校認識的。」

b「pon下課時會單手拿著吉他，像是唱民謠歌曲的女孩。」

p「你才是穿著吊帶褲，打扮像是IRUKA（日本民謠歌手）的樣子。」

b「與個性內向的我形成對比，她那天真開朗的個性確實吸
　引了我。」

p「或許是因為bon大我一歲，所以給我成熟穩重的印象。
　我覺得是彼此身上擁有自己所缺少的特質，才會特別在乎
　對方吧！他在學校園遊會結束時和我告白的時候，我真的
　超開心的。」

── 夫妻生活圓滿的祕訣是什麼呢？

p「我覺得是兩人要充分溝通，不要冷戰。」

b「我們最近好像沒有什麼較大的爭吵對吧？」

p「對啊。年輕時比較常發生……我是屬於比較情緒化的類
　型，bon則屬於沉穩不易發怒的個性。」

b「基本上我們兩人的個性恰好相反。」

p「我是一想到什麼就脫口而出，後來才反省自己說得太過
　頭和他道歉，他通常馬上就會原諒我了。就覺得想說什
　麼就說什麼，真的很痛快。但卻從來沒有過要分開的念
　頭，我覺得自己不能沒有他。」

b「對於兩人能體諒對方的感受，以及能夠在一起生活，而
　心存感恩是很重要的事。」

p「我覺得正因為我們是完全不同的性格，才能互補般地取
　得平衡，維持良好的關係。」

── 平時兩人都會在什麼地方買衣服呢？

b「最常在Uniqlo或GU購買。」

p「因為基本的款式選擇性多，非常好搭配，價格又很親
　民。另外也常使用樂天的網路商店。一件衣服的上限大
　約是落在5000日幣左右。」

b「至於高價的名牌外套，會在雅虎拍賣網買。pon她很會
　挖寶。」

p「我從以前就很擅長使用網路喔！還曾經花3500日幣就
　標到數萬元的名牌外套。建議可以輸入「粗呢外套」、
　「良品」這類的關鍵字來搜尋，會更容易找到保存狀態
　佳的物品。容易找到適合自己尺寸的服飾，這也是網路
　的魅力。」

── 對於晚年的第二人生覺得如何呢？

p「我覺得現在最開心。自從bon於2017年退休之後，我們
　夫婦一起度過的時間大為增加。以前他從公司下班回到
　家都已經深夜了，根本沒有辦法好好說上幾句話。」

b「之前一直忙於工作，覺得讓她有種被冷落的感受。正因
　為如此，爾後會想要更加珍惜二人一起的時間。」

p「像是每天可以一起吃飯，這些看似微不足道的事，都讓
　人很開心。像是重溫第二次的新婚生活一樣呢（笑）！」

b「我希望今後可以一邊持續經營IG，一邊攜手維持現在
　的快樂生活，直到人生的終點。」

▶10幾歲時相遇的兩人。

◀學生時代互贈對方的
常春藤學院風圖鑑。
▼在最後一頁，互相留
有給對方的訊息。

bonpon的基本色彩

提到bonpon穿搭的一大特點，就是色彩的運用。特別是成為銀髮族之後，和鮮豔的顏色特別相配。以下就為你介紹其中穿搭率最高的3種顏色。

BLACK 【黑色】

不太容易會失敗的基本顏色。可以僅用黑色統一高雅的氛圍，或以黑色為底色，稍微再增添一些對比色，也饒富趣味。

RED 【紅色】

外表看似華麗的紅色，是bonpon穿搭中不可或缺的顏色。並非是胭脂紅或酒紅色，而是習慣選擇色彩鮮艷的紅色。

BLUE 【藍色】

顯色度良好的美麗藍色，也是經常選用的顏色之一。由於會給人清爽的印象，因此春夏兩季最常穿著。

平時穿搭養成術

❶ 今天穿格紋的連身裙吧！

❷ 那我也選格紋襯衫吧！挑哪一件比較好？

❸ 兩人如果都穿黑色好無聊，試試紅色那件？

❹ 搭配紅色襯衫，那我也加一個紅色小物吧！

❺ 嗯～要不要再多一點連結感啊？

完成

❻ 兩人都穿上黑色短外套與開襟衫吧。

❼ 今天天氣有點冷，保暖度適中！

關於化妝

pon平常化妝都只會塗上口紅。除了不上粉底，就連化妝水等基礎保養也都不作，反而改善了皮膚不佳的問題。如果覺得皮膚乾燥的話，也只塗上凡士林而已。

口紅大多都是在網路上購買。圖片中是她喜歡的韓國品牌口紅，「不是玫瑰色或橘色，反而喜歡大紅色鮮豔的霧面口紅。」

「自從髮色變白之後，大紅色的口紅反而更適合我了喔！」

關於白髮

pon 「一直以來我都靠染髮來遮蓋白髮，但到了52歲時，突然皮膚發炎，頭皮的狀態變很糟。而且bon的頭髮也變白了，所以我就放棄堅持，決定以白髮示人。如此一來，以前買的衣服就全都不適合了（哭）。就在那時，我和女兒借了一件COMME des GARÇONS的衣服來穿穿看，沒想到意外的合適。於是就學我女兒塗上大紅色的口紅，感覺也超級適合我，從那時開始我就打扮成這樣了。」

bon 「好像年過40歲之後，我的白髮就逐漸增多。到了50歲左右，就已經整頭變白了。」

pon 「頭髮都是自己剪的。就算是去美容院，好像也剪不出自己想要的髮型。只是有時候會剪得太過頭了（笑）。」

以前留長髮！

Silver hair!

COLUMN

bonpon的
衣櫃時尚

bonpon的時尚從這裡誕生！
衣櫃收藏大公開。

手提袋

平時最常使用的是布作包。特別喜
愛價格親民、質地輕巧且收納容量
大的款式。

穿著正式服裝時，則
會搭配皮革手提袋。

鞋子

大多是在GU、Uniqlo、樂天等
網路平台購買。每雙大概都在
3000至4000日幣之間的價格。

（左上）春夏兩季發揮用
途的白色帆布鞋，以及
（右上）散步用的同款
鞋、（左下）黑色皮鞋與
漆皮鞋、（右下）皮革無
釦便鞋。

襪子

主要以紅、藍、黑色為首,可在穿
搭時的對比色派上用場。bonpon
經常穿著短襪。

胸針

可作為穿搭時重點特色使用的胸針。(左上)
在PARCO發現的4件津輕小巾刺繡胸針。(右
上)有著復古風格的可愛紅色胸針,是女兒送的
禮物。金屬的胸針則是女兒去工作坊製作的。
(下)與新光三越伊勢丹聯名的刺繡胸針。

眼鏡

經過多番嘗試調整後,針對臉型所
挑選出的款式。左邊2副是pon的,
右邊3副則是bon的眼鏡。雖然現
在使用JINS的眼鏡,但以前則常
戴Anne Valerie Hash(左下)、
MASUNAGA(右下)等品牌。

bonpon 的日常生活

兩人平時喜愛什麼樣的物品？時尚的靈感又是來自何處？
就讓我們試著從他們的生活中一探究竟吧！

北歐布品

沙發上的抱枕是
Marimekko生產的布
品。是pon自己買來布
料，親手製作的抱枕
套。

喜歡貓咪

寢室的被單，是在IKEA
一眼看上貓咪圖案而購買
的。角落處也擺著貓咪的
可愛布偶。

大橋步設計

pon最喜歡大橋步設計的馬克杯。紅
色是pon的，黑色則是bon的。

美術與流行類書籍

屋內收集了bon喜歡的美術相關書籍，以及pon喜歡的
大橋步著作。常春藤學院風的圖鑑則是學生時代兩人互
贈的禮物。

手作的布娃娃

房間裡還有從世界各地送來的
手作bonpon娃娃！

▼新光三越伊勢丹的活動時使用，由知名的英
國布作家Bobby Dazzler製作的布偶。

▲透過IG進行互動，住在以色列的布
偶作家贈送的布偶。

handmade！

pon與縫紉機

在新冠狀病毒流行之際，購買了全新的縫紉機來自己製作口
罩。「以前作過女兒上幼稚園時的物品、裙子等。雖說已經
很久沒碰縫紉機了，但手作果然還是充滿了樂趣呢！」

原寸紙型的使用方法

1 從書上拿取原寸紙型

◆沿裁剪線剪開原寸紙型（紙型與書本黏接的情況下）。
◆確認打算製作的作品編號紙型，是以哪一條線作標示？分成幾片？
◆需要配置紙型的作品，在作法頁上標示有配置方法，所以請對照並進行確認。

2 描繪於別張紙上

◆描繪於別張紙上使用。描繪方式分別有以下兩種方法。

描繪於不透明紙張時

將紙型置於紙張的上方。
將複寫紙夾在中間，
並以波浪點線器勾勒出紙型的線條，描繪出輪廓。

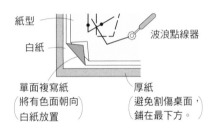

紙型
白紙
波浪點線器
單面複寫紙
將有色面朝向
白紙放置
厚紙
避免割傷桌面，
鋪在最下方。

描繪於透明的紙張時

於紙型的上方，放上描繪用的
透明紙（描圖紙等），
再以鉛筆臨摹。

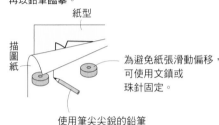

紙型
描圖紙
為避免紙張滑動偏移，
可使用文鎮或
珠針固定。
使用筆尖尖銳的鉛筆

紙型重疊在一起時

例如身片與貼邊等，2個紙型重疊
成1片紙型的情況。
如圖所示描繪2次，
分別製作各自的紙型。

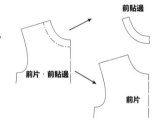

前貼邊
前片・前貼邊
前片

「合印」、「接縫位置」、「開口止點」「布料紋路」等記號也不要忘記標記，部件的「名稱」也請書寫上去。

3 預留縫份，裁剪紙型

◆由於紙型不含縫份，因此請依照作法頁的「裁布圖」，預留縫份。

◆預留縫份時的注意事項◆

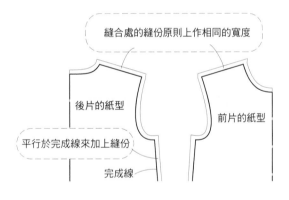

縫合處的縫份原則上作相同的寬度
後片的紙型
前片的紙型
平行於完成線來加上縫份
完成線

依照布料素材的性質（厚度、伸縮程度）、
開口的位置（後中心、前中心等），以及
縫製方法等差異，縫份寬度亦有所不同。

有時候身片的脇邊及袖口等斜線或弧線處，恐有縫份不足的情況，所以請依照圖示，
以摺疊紙型的狀態來進行裁剪。

加上縫份

一邊看著裁布圖，一邊畫上縫份線。
縫份尺寸
將縫份反摺
留白
紙型

裁剪

將縫份進行
裁剪，攤開
之後，加上
角度。
紙型
「袖口」等處亦以
相同作法添加
縫份

剪開之後，確認部件
名稱或布料紋路等標
記是否有遺漏。
書寫上去
後片
前片

同袖子一樣，分有前側
與後側時，也請事先寫
在紙型上。
後前
袖子

4 將紙型配置於布片上方，裁剪布片

●試著將必要的紙型置放布的上方。
此時，請一邊注意布片的摺法、
紙型的布料紋路（直布紋）方向等，
一邊進行配置，避免使布片滑動來進行裁剪。

如果沒有大桌子，請以能攤開
布片的空間來進行裁剪。

裁剪布料前，請先試著將紙型
全部放上去後，構思排布位置。

逐一放上紙型。
*將布料紋路的方向與附於紙型上的方向（↑↓）方向對齊後，
*方向的名稱為橫布紋。
*經線的方向稱為直布紋，緯線的方向與附於紙型上
*布料紋路的方向（亦稱為布紋）。
*經線指布料的平織紋路。

一旦於裁剪時移動布片，
布片就會移位，因此應移
動身體逐一裁剪。

由於直線的部位，並無加在原寸紙型之中，
因此請直接在布片的背面畫線後，進行裁剪。

於開始製作之前

尺寸表（裸體尺寸） （單位cm）

女士

尺寸 部位		S	M	L	LL
三圍尺寸	胸圍	79	84	88	93
	腰圍	62	66	69	73
	臀圍	84.5	90	94.5	100
長度尺寸	背長	37	38	39	40
	股上長	25	26	26.5	27.5
	股下長	68	70	72	73
	袖長	52	53	54	55
	身高	153	158	162	166

男士

尺寸 部位		S	M	L	LL
三圍尺寸	胸圍	92	96	100	106
	腰圍	80	84	88	94
	臀圍	90	94	98	103
長度尺寸	背長	48	49	50	52
	袖長	55	57	58	60
	身高	165	170	175	180

使用記號

◆作法頁的數字單位為cm（公分）。

———	完成線（粗指示線）
———	定位線（細指示線）
— — —	摺雙線 褶線
⟷	布紋方向（依箭頭方向通過直布紋）
⌣⌣	等分線（有時也作上表示相同尺寸線的記號）
● ○ × △ ◐ ※ etc.	紙型同尺寸合併記號 （形狀並無固定）
○	鈕釦
	表示褶襇·褶子的摺疊方法 （由脇線的高處往低處摺疊布片）

完成尺寸的標示

◆連身裙·罩衫

肩點
前片
總長

◆裙子
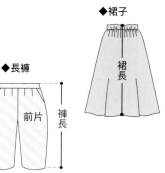
裙長

◆長褲
前片
褲長

裁布圖的使用法

本雜誌的原寸紙型不含縫份。請添加作法頁「裁布圖」的縫份尺寸，裁剪布片。

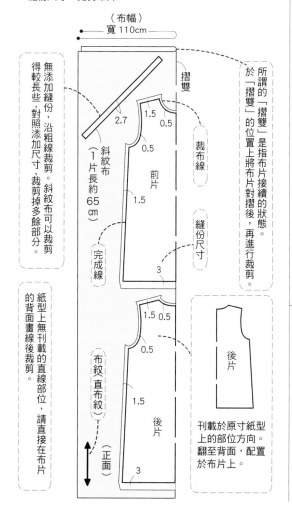

（布幅）
寬 110cm

無添加縫份，沿粗線裁剪。得較長些，對照添加尺寸，裁剪掉多餘部分。

於「摺雙」的位置上將布片對摺後，再進行裁剪。所謂的「摺雙」是指布片接續的狀態。

斜紋布（一片長約65cm）斜紋布可以裁剪

2.7　1.5　0.5
0.5
前片
1.5
裁布線
縫份尺寸
完成線
3

紙型的背面上無刊載的直線部位，請直接在布片的背面畫線後裁剪。

1.5　0.5
0.5
後片
布紋（直布紋）
1.5
後片
3

刊載於原寸紙型上的部位方向。翻至背面，配置於布片上。

記號的作法

兩片一起進行裁剪的情況
於布片之間（背面）夾入雙面複寫紙，並以波浪點線器描繪出完成線，也不要忘記添加合印或口袋接縫位置。

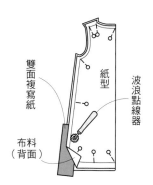

雙面複寫紙
紙型
波浪點線器
布料（背面）

以一片布進行裁剪的情況
將布片的背面與單面複寫紙的有色面疊合後，以波浪點線器描繪出完成線。

黏著襯的燙貼方法

請勿使熨斗滑動，一邊重疊半邊，一邊避免產生空隙地移動熨斗之後，以按壓方式整燙。

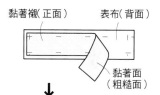
黏著襯（正面）　表布（背面）
黏著面（粗糙面）

↓

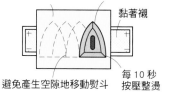
描圖紙或襯布　中低溫（130°至150°）整燙
黏著襯
避免產生空隙地移動熨斗
每10秒按壓整燙

釦眼的大小與位置

◆釦眼的大小

鈕釦的直徑
＋
鈕釦的厚度

◆橫孔的情況

0.2 至 0.3（線腳部分）
釦眼
前中心線
鈕釦的位置

◆直孔的情況

0.2 至 0.3（線腳部分）
釦眼
前中心線
鈕釦的位置

※鈕釦的縫法請見 P.88。

材料	尺寸	S	M	L	LL
No.2 表布　混麻格紋布／L2020（#02）	寬 110cm	310cm	320cm	330cm	330cm
No.3 表布　柔軟加工棉麻帆布／45300（#8）	寬 108cm	310cm	320cm	330cm	340cm
黏著襯	寬 112 cm	40cm	40cm	40cm	40cm
鈕釦	直徑 1.1cm	1 個	1 個	1 個	1 個
完成尺寸	總長	113cm	116.3cm	119.4cm	121.5cm
	胸圍	100.2cm	106.6cm	112cm	117.2cm

關於紙型

◆原寸紙型：使用 A 面 No. 2

使用部件：前片、後片、袖子、前貼邊、後貼邊、袖口。

※裙片未附原寸紙型，請自行製圖。
※布釦環請直接畫於布上之後，進行裁剪。

＜紙型・製圖＞ 　　　＝原寸紙型

表布的裁布圖

◆除指定處之外，縫份皆為 1 cm。

　　　＝黏著襯黏貼位置

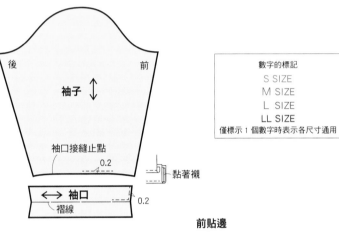

數字的標記
S SIZE
M SIZE
L SIZE
LL SIZE
僅標示 1 個數字時表示各尺寸通用

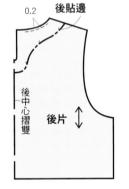

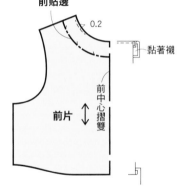

裁剪布片，重新摺疊。

裁剪布片，重新摺疊。

No. 2　寬110cm
No. 3　寬108cm

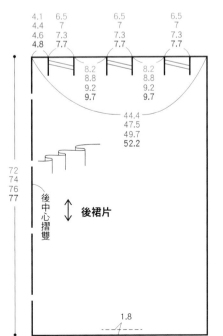

後裙片
後中心摺雙

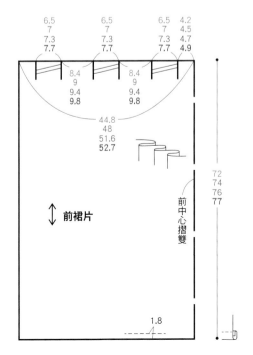

前裙片
前中心摺雙

Front

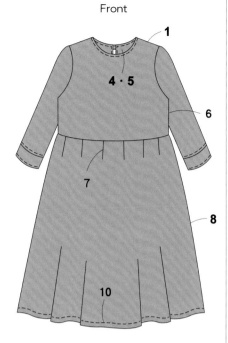

Back

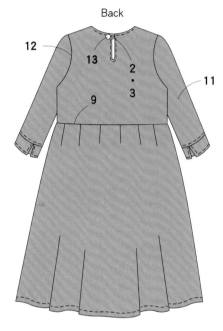

＊於貼邊、袖口上黏貼黏著襯，並於脇線、肩線、袖下線、貼邊上進行 Z 字形車縫之後，開始縫合。

1 縫合肩線

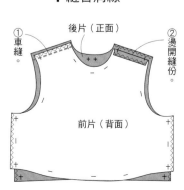

①車縫。　後片（正面）　②燙開縫份。

前片（背面）

2 製作布釦環

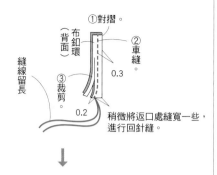

①對摺。
布釦環（背面）
②車縫　0.3
縫線留長
③裁剪　0.2
稍微將返口處寬一些，進行回針縫。

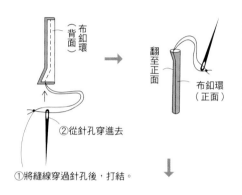

布釦環（背面）
翻至正面
布釦環（正面）
②從針孔穿進去
①將縫線穿過針孔後，打結。

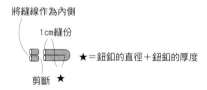

將縫線作為內側
1cm縫份
剪斷 ★　★＝鈕釦的直徑＋鈕釦的厚度

3 接縫布釦環

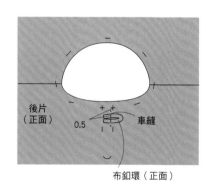

後片（正面）
0.5　車縫
布釦環（正面）

4 製作貼邊

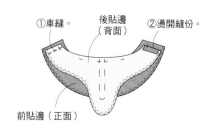

①車縫。　後貼邊（背面）　②燙開縫份。
前貼邊（正面）

5 接縫貼邊

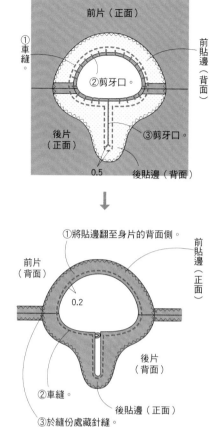

前片（正面）
①車縫。
②剪牙口
後片（正面）
前貼邊（背面）
③剪牙口
0.5　後貼邊（背面）

①將貼邊翻至身片的背面側。
前片（背面）
前貼邊（正面）
0.2
②車縫。
後片（背面）
③於縫份處藏針縫。
後貼邊（正面）

6 縫合脇線

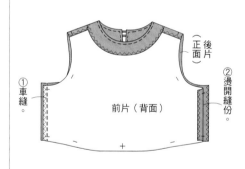

①車縫。
後片（正面）
前片（背面）
②燙開縫份。

7 摺疊裙子的褶襉

①摺疊褶襉。　②車縫。
0.5
前裙片（正面）
※後裙片作法亦同。

8 縫合裙子的脇線

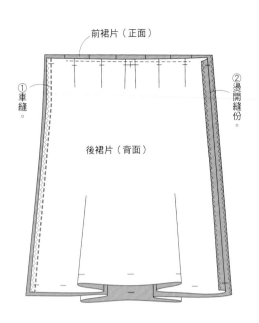

前裙片（正面）

①車縫。

②燙開縫份。

後裙片（背面）

9 接縫裙子

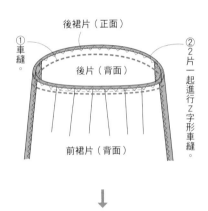

後裙片（正面）

①車縫。

後裙片（背面）

②2片一起進行Z字形車縫。

前裙片（背面）

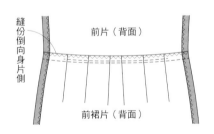

縫份倒向身片側

前片（背面）

前裙片（背面）

10 縫合下襬線

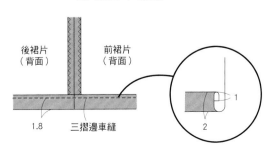

後裙片（背面）

前裙片（背面）

1.8　三摺邊車縫

1

2

11 製作袖子

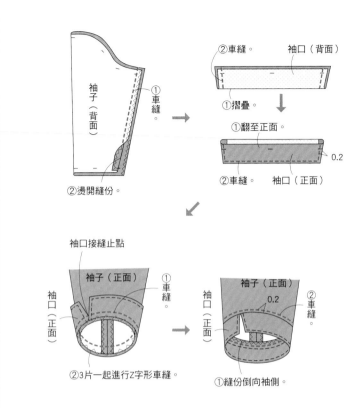

袖子（背面）

①車縫。

②燙開縫份。

②車縫。　袖口（背面）

①摺疊。

①翻至正面。

②車縫。　袖口（正面）　0.2

袖口接縫止點

袖子（正面）

①車縫。

袖口（正面）

②3片一起進行Z字形車縫。

袖子（正面）　0.2　②車縫。

袖口（正面）

①縫份倒向袖側。

12 接縫袖子

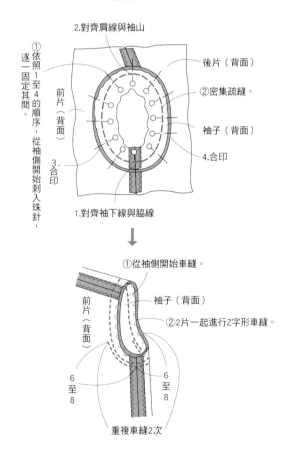

①依照1至4的順序，從袖側開始刺入珠針，逐一固定其間。

2.對齊肩線與袖山

後片（背面）

②密集疏縫

前片（背面）

袖子（背面）

4.合印

3.合印

1.對齊袖下線與脇線

①從袖側開始車縫。

前片（背面）

袖子（背面）

②2片一起進行Z字形車縫。

6至8　6至8

重複車縫2次

13 接縫鈕釦

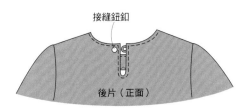

接縫鈕釦

後片（正面）

材料		尺寸	S	M	L	LL
表布 比利時亞麻素面布／209026（＃03）	寬110cm		180cm	190cm	200cm	200cm
黏著襯	寬112cm		40cm	40cm	40cm	40cm
鈕釦	直徑1.1cm		1個	1個	1個	1個
完成尺寸		總長	56cm	57.8cm	59.3cm	60.8cm
		胸圍	100.2cm	106.6cm	112cm	117.2cm

關於紙型

◆原寸紙型：將A面No.2進行配置後使用。

使用部件：前片、後片、袖子、前貼邊、後貼邊、袖口。

※布釦環請直接畫於布上之後，進行裁剪。

◆紙型修改方法

・將身片的長度加長。

＜紙型修改方法＞　　☐＝原寸紙型

數字的標記
S SIZE
M SIZE
L SIZE
LL SIZE
僅標示1個數字時表示各尺寸通用

表布的裁布圖

◆除指定處之外，縫份皆為1cm。

☐＝黏著襯黏貼位置

作法順序　　＊7以外的作法請參照P.59・60。

材料		尺寸	S	M	L	LL
No.4 表布 手工水洗布／AD2678（#300）		寬 110cm	320cm	320cm	330cm	340cm
No.5 表布 柔軟加工亞麻綾織水洗布／OSDC40043（#111）		寬 110cm	320cm	320cm	330cm	330cm
黏著襯		寬 112cm	50cm	50cm	50cm	50cm
完成尺寸		總長	109.2cm	112.5cm	115.5cm	118.4cm
		胸圍	98.6cm	105cm	110.2cm	115.5cm

表布的裁布圖

◆除指定處之外，縫份皆為 1 cm。

☐ ＝黏著襯黏貼位置

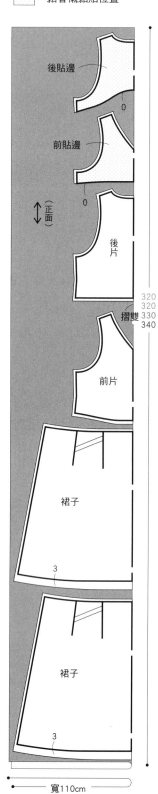

後貼邊

前貼邊

（正面）

後片

摺雙

320
320
330
340

前片

裙子

3

裙子

3

寬110cm

關於紙型

◆原寸紙型：使用 B 面 No.4

使用部件：前片、後片、前貼邊、後貼邊、裙子。

＜紙型＞
☐ ＝原寸紙型

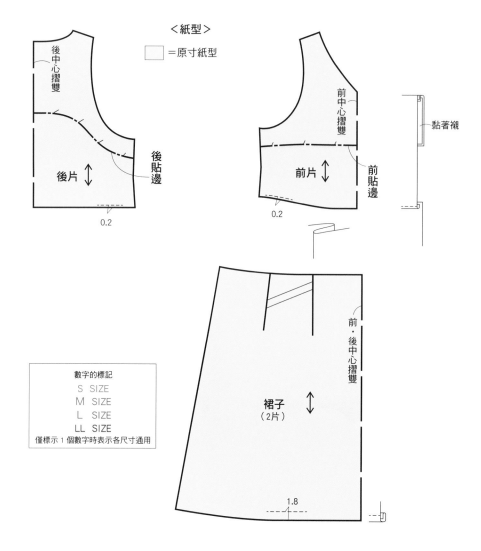

後中心摺雙

後片

後貼邊

0.2

前中心摺雙

前片

前貼邊

0.2

黏著襯

裙子
（2片）

前・後中心摺雙

1.8

數字的標記
S SIZE
M SIZE
L SIZE
LL SIZE
僅標示 1 個數字時表示各尺寸通用

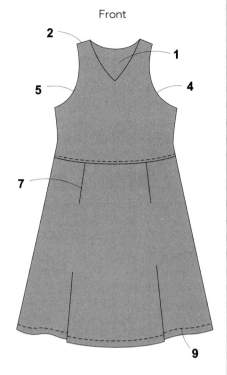

Front

2
1
5
4
7
9

Back

3
10
6
8

＊於貼邊上黏貼黏著襯，並於脇線、貼邊上進行
Z字形車縫之後，開始縫合。

1 製作貼邊

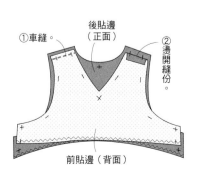

①車縫。
後貼邊（正面）
②燙開縫份。
前貼邊（背面）

2 縫合肩線

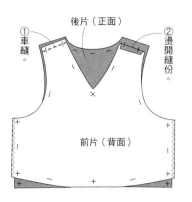

後片（正面）
①車縫。
②燙開縫份。
前片（背面）

3 縫合領圍

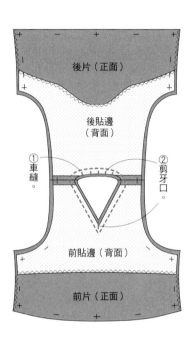

後片（正面）
後貼邊（背面）
①車縫。
②剪牙口。
前貼邊（背面）
前片（正面）

4 縫合左側袖襱

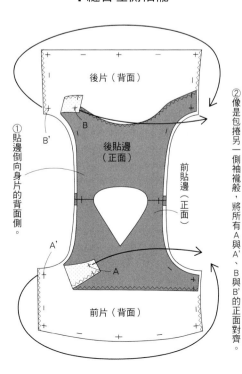

後片（背面）
B
B'
後貼邊（正面）
前貼邊（正面）
①貼邊倒向身片的背面側。
A'
A
前片（背面）
②像是包捲另一側袖襱般，將所有A與A'、B與B'的正面對齊。

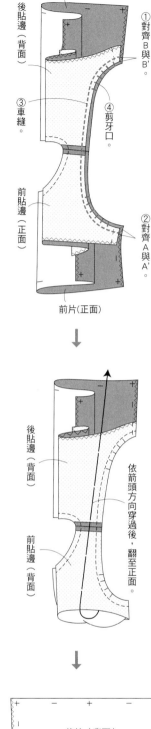

後片（正面）
後貼邊（背面）
①對齊B與B'。
③車縫。
④剪牙口。
前貼邊（正面）
②對齊A與A'。
前片（正面）

後貼邊（背面）
前貼邊（背面）
依箭頭方向穿過後，翻至正面。

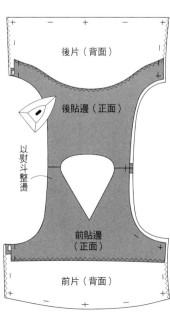

後片（背面）
後貼邊（正面）
以熨斗整邊
前貼邊（正面）
前片（正面）

5 縫合右側袖襱

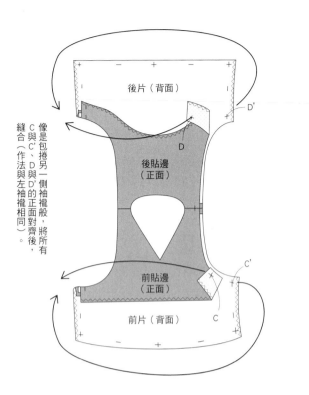

後片（背面）

F

D'

D

後貼邊（正面）

前貼邊（正面）

C'

C

前片（背面）

像是包捲另一側袖襱般，將所有縫合（C與C'、D與D'的正面對齊後，縫合（作法與左袖襱相同）。

6 縫合脇線

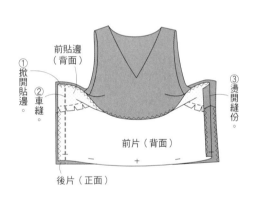

前貼邊（背面）

①掀開貼邊。

②車縫。

③燙開縫份。

前片（背面）

後片（正面）

①放回貼邊。

②於縫份處藏針縫。

脇線

後片（背面）　前片（背面）

7 摺疊褶襉

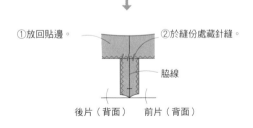

②車縫。

0.5

前裙片（正面）

①摺疊褶襉。

※後裙片作法亦同。

8 縫合裙子的脇線

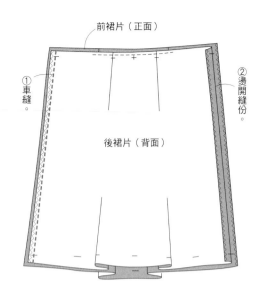

前裙片（正面）

①車縫。

②燙開縫份。

後裙片（背面）

9 縫合下襬線

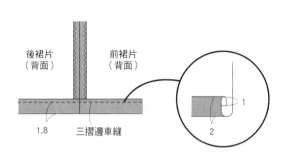

後裙片（背面）　前裙片（背面）

1.8　三摺邊車縫

1

2

10 接縫裙子

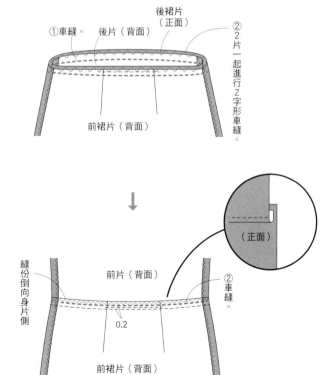

①車縫。

後裙片（正面）

②2片一起進行Z字形車縫。

後片（背面）

前裙片（背面）

（正面）

縫份倒向身片側

前片（背面）

②車縫。

0.2

前裙片（背面）

材料		尺寸	S	M	L	LL
表布	棉麻防水平織布／L2018（#31）	寬 112cm	200cm	210cm	220cm	230cm
配布	手工水洗布／AD2678（KN）	寬 110cm	60cm	60cm	60cm	60cm
黏著襯		寬 112cm	80cm	80cm	80cm	80cm
鈕釦		直徑 1.15cm	10 個	10 個	10 個	10 個
完成尺寸		總長（前長）	64cm	65.6cm	67.5cm	70.3cm
		胸圍	111.8cm	115.8cm	119.8cm	125.8cm

配布的裁布圖

◆除指定處之外，縫份皆為 1 cm。

▨ ＝黏著襯黏貼位置

關於紙型

◆原寸紙型：使用 D 面 No. 1。

使用部件：前片、後片、袖子、剪接、領台、口袋。

※袖口未附原寸紙型，請自行製圖。

＜紙型·製圖＞ ▨＝原寸紙型

數字的標記
S SIZE
M SIZE
L SIZE
LL SIZE
僅標示 1 個數字時表示各尺寸通用

表布的裁布圖

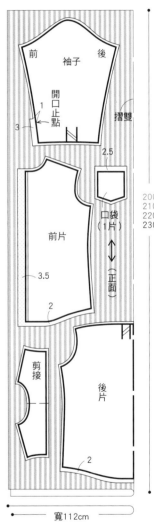

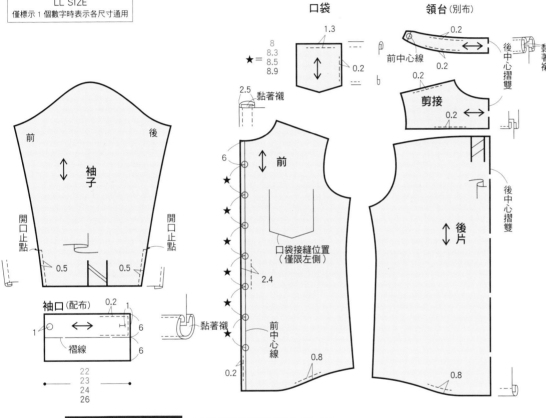

作法順序

＊5 以外的作法請參照 P. 67·68。

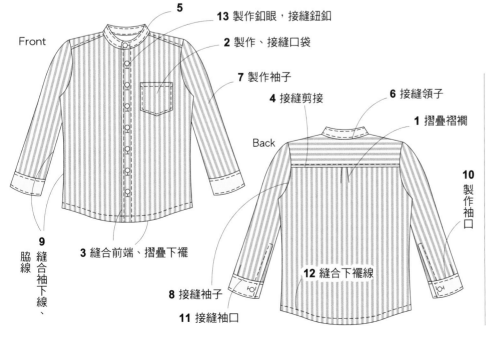

5

13 製作釦眼，接縫鈕釦

2 製作、接縫口袋

7 製作袖子

4 接縫剪接

6 接縫領子

1 摺疊褶襉

Front

9 縫合袖下線、脇線

3 縫合前端、摺疊下襬

Back

12 縫合下襬線

8 接縫袖子

11 接縫袖口

10 製作袖口

作法

＊於領台、前端、袖口上黏貼黏著襯，並於脇線、袖下線上進行 Z 字形車縫之後，開始縫合。

5 製作領子

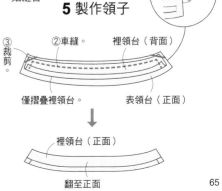

P. 12 **1**

P. 16 **6**

P. 26 **14**

P. 28 **17**

材料	尺寸	S	M	L	LL
No.1 表布　混麻基本款／CLT275（#04）	寬 112cm	**240cm**	250cm	260cm	270cm
No.6・14 表布　格紋布／2656（No. 6…#2B・No. 14…#2J）	寬 108cm	**240cm**	250cm	260cm	270cm
No.17 表布　柔軟加工細平印花布/KOF-31（#OWBK）	寬 110cm	**240cm**	250cm	260cm	270cm
黏著襯	寬 112cm	**70cm**	70cm	80cm	80cm
鈕釦	直徑 1.15cm	**10 個**	10 個	10 個	10 個
完成尺寸	總長（前長）	**64cm**	65.6cm	67.5cm	70.3cm
	胸圍	**111.8cm**	115.8cm	119.8cm	125.8cm

關於紙型

◆原寸紙型：使用 D 面 No. 1。

使用部件：前片、後片、袖子、口袋、剪接、上領、領台。

※袖口未附原寸紙型，請自行製圖。

<紙型・製圖>　▢ ＝原寸紙型

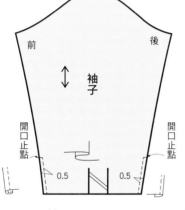

表布的裁布圖

◆除指定處之外，縫份皆為 1 cm。

▢ ＝黏著襯黏貼位置

數字的標記
S SIZE
M SIZE
L SIZE
LL SIZE
僅標示 1 個數字時表示各尺寸通用

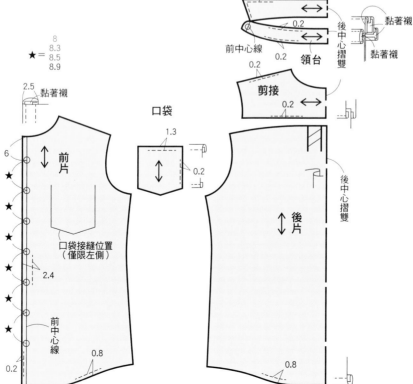

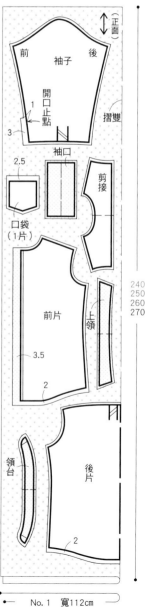

No. 1　寬112cm
No. 6・4　寬108cm
No. 17　寬110cm

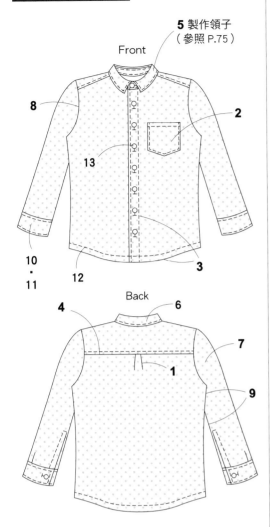

5 製作領子
（參照 P.75）

Front

8
2
13
3
10 · 11
12

Back
4
6
7
1
9

作法

＊於上領、領台、前端、袖口上黏貼黏著襯，
　並於脅線、袖下線上進行 Z 字形車縫之後，開始縫合。

1 摺疊褶襉

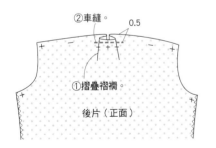

②車縫。 0.5
①摺疊褶襉。
後片（正面）

2 製作、接縫口袋

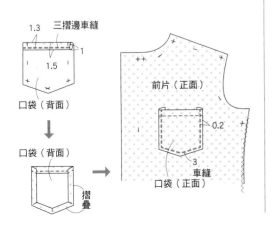

1.3
三摺邊車縫
1
1.5
口袋（背面）
前片（正面）
口袋（背面）
0.2
3 車縫
摺疊
口袋（正面）

3 縫合前端，摺疊下襬

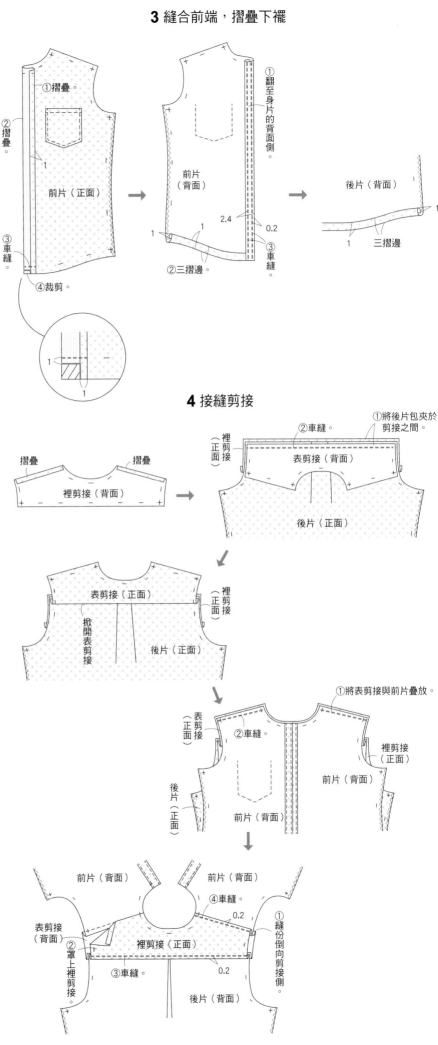

①摺疊。
②摺疊。
③車縫。
④裁剪。
前片（正面）
1
①翻至身片的背面側。
前片（背面）
2.4
1
0.2
③車縫。
②三摺邊。
後片（背面）
1
三摺邊
1
1

4 接縫剪接

摺疊
摺疊
裡剪接（背面）
②車縫。
①將後片包夾於剪接之間。
裡剪接（正面）
表剪接（背面）
後片（正面）

表剪接（正面）
掀開表剪接
裡剪接（正面）
後片（正面）

①將表剪接與前片疊放。
表剪接（正面）
②車縫。
裡剪接（正面）
前片（背面）
後片（正面）
前片（背面）

前片（背面）
前片（背面）
④車縫。
0.2
①縫份倒向剪接側
表剪接（背面）
裡剪接（正面）
②罩上裡剪接
③車縫。
0.2
後片（背面）

6 接縫領子

②剪牙口。
①車縫。
表領台（背面）
避開裡領台
前片（正面）
後片（正面）

①將縫份摺入領台之中。
②車縫。
裡領台（正面）
前片（背面）
0.2
後片（背面）

7 製作袖子

袖子（背面）
後　前
摺疊
1

袖子（背面）
後　前
0.1　1
④車縫。
①摺疊。
②車縫。
③摺疊褶襉。
0.5

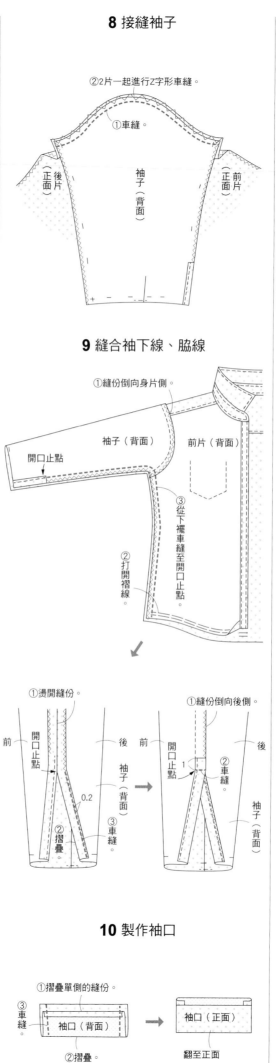

8 接縫袖子

②2片一起進行Z字形車縫。
①車縫。
袖子（背面）
後片（正面）　前片（正面）

9 縫合袖下線、脇線

①縫份倒向身片側。
袖子（背面）　前片（背面）
開口止點
②打開褶線。
③從下襬車縫至開口止點。

①燙開縫份。
前　開口止點　後　袖子（背面）　②摺疊　③車縫
0.2
①縫份倒向後側。
前　開口止點　後　②車縫　袖子（背面）　1

10 製作袖口

①摺疊單側的縫份。
③車縫
袖口（背面）
②摺疊。
袖口（正面）
翻至正面

11 接縫袖口

後　前
袖口（正面）
車縫

後　前
袖口（正面）
0.2
①將縫份收入袖口之中
③製作釦眼。
②車縫。
④接縫鈕釦。

12 縫合下襬線

後片（背面）　前片（背面）
①燙開縫份。
②摺回褶線。
③車縫
0.8

13 製作釦眼，接縫鈕釦

①製作釦眼。
右前片（正面）　左前片（正面）
②接縫鈕釦。

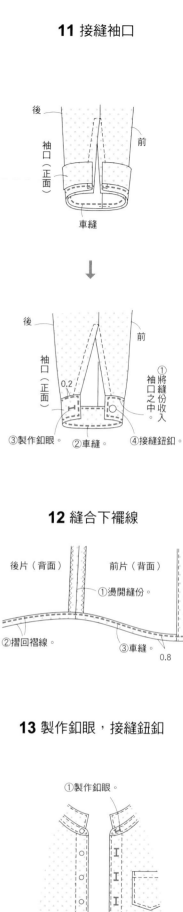
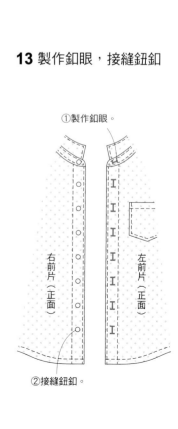

68

材料		
表布　8 號彩色帆布／ AD8310（＃300）	寬 110cm	30cm
裡布　棉麻防水平織布／ L2018（＃31）	寬 112cm	30cm
織帶	寬 2.5cm	110cm
塑膠四合釦（金屬色）	直徑 1.4cm	1 組

關於紙型

◆未附原寸紙型。

※未附原寸紙型，請自行製圖。

＜製圖＞

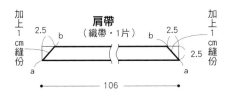

肩帶
（織帶・1片）

加上1cm縫份　2.5　b　b　2.5　加上1cm縫份
a　2.5　2.5　a

106

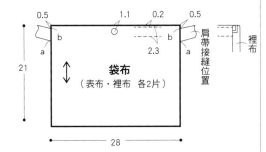

0.5　1.1　0.2　0.5
b　b
a　2.3　a

21

袋布
（表布・裡布 各2片）

肩帶接縫位置　裡布

28

表布・裡布的裁布圖

◆縫份為 1 cm

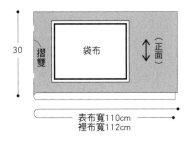

30

摺雙　袋布　↕正面

表布寬110cm
裡布寬112cm

作法

1 接縫肩帶

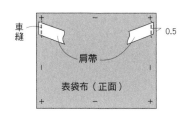

車縫　0.5
肩帶
表袋布（正面）

2 縫合袋布

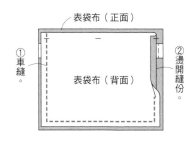

表袋布（正面）
①車縫。　表袋布（背面）　②燙開縫份。

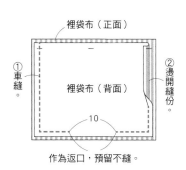

裡袋布（正面）
①車縫。　裡袋布（背面）　②燙開縫份。
10

作為返口，預留不縫。

3 縫合表袋布與裡袋布

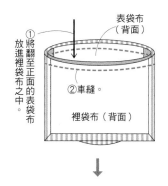

①將翻至正面的表袋布放進裡袋布之中。
表袋布（背面）
②車縫。
裡袋布（背面）

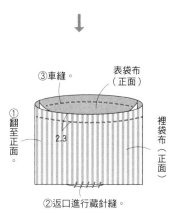

③車縫。　表袋布（正面）
①翻至正面。　2.3　裡袋布（正面）
②返口進行藏針縫。

4 安裝塑膠四合釦

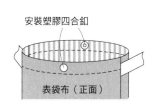

安裝塑膠四合釦

表袋布（正面）

5 完成

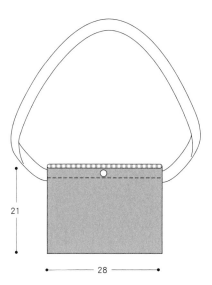

21

28

材料	尺寸	S	M	L	LL
No.7 表布　比利時亞麻素面布／209026（#08）	寬 110cm	290cm	300cm	310cm	320cm
No.8 表布　表布 nina 襯衫印花布／148-1790（#3）	寬 110cm	290cm	300cm	310cm	320cm
No.9 表布　表布 nina 襯衫印花布／148-1790（#L2）	寬 110cm	290cm	300cm	310cm	320cm
黏著襯	寬 112cm	50cm	50cm	50cm	50cm
鈕釦	直徑 1cm	1 個	1 個	1 個	1 個
No.8 D 型環	內徑尺寸 1.5cm	2 個	2 個	2 個	2 個
完成尺寸	總長	110cm	113.5cm	116.5cm	119.5cm
	胸圍	97cm	103cm	108.6cm	113.8cm

關於紙型

◆原寸紙型：使用 C 面 No.7。

使用部件：前片、後片、後片下部、袖子、領子。

※No. 8 腰帶未附原寸紙型，請自行製圖。

※布釦環請直接畫於布上之後，進行裁剪。

表布的裁布圖

◆除指定處之外，縫份皆為 1 cm。

▢＝黏著襯黏貼位置

＜紙型・製圖＞　▢＝原寸紙型

D 型環　2.5　1.3　0.3

褶線　No. 8 腰帶（↔）　1.5　1.5　0.2

128 / 130 / 132 / 134

黏著襯

後中心線

開口止點

0.5

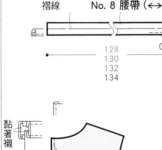

後片

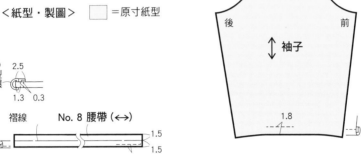

後　前

↕ 袖子

1.8

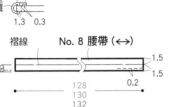

領子

後中心線　0.2　前中心摺雙

1.25　布釦環

1

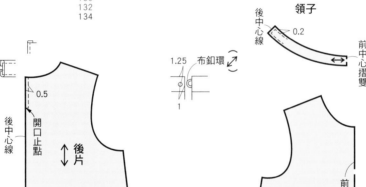

前中心摺雙

↕ 前片

抽拉細褶　1.5　線環（No. 8）

後中心摺雙　↕ 後片下部

對接

1.8　1.8

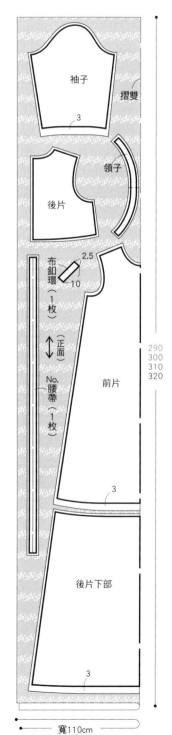

袖子　3　摺雙

領子

後片

布釦環（1 枚）　2.5　10

（正面）

No. 腰帶（1 枚）

前片　3

後片下部　3

290 / 300 / 310 / 320

寬110cm

數字的標記
S SIZE
M SIZE
L SIZE
LL SIZE
僅標示 1 個數字時表示各尺寸通用

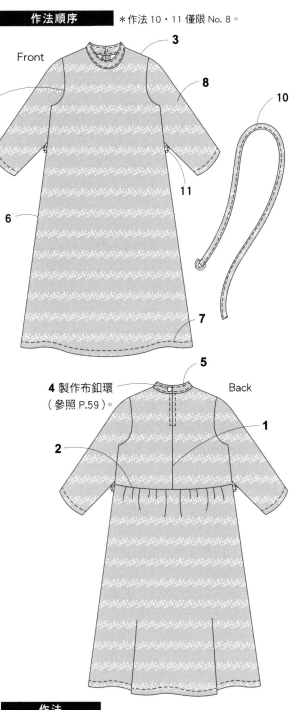

Front

9

3

8

11

6

10

7

4 製作布釦環
（參照 P.59）。

5

Back

2

1

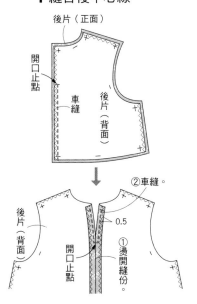

作法

＊於領子上黏貼黏著襯，並於脇線、肩線、後中心線、
　袖下線上進行 Z 字形車縫之後，開始縫合。

1 縫合後中心線

後片（正面）

開口止點

車縫

後片（背面）

②車縫。

後片（背面）

0.5

開口止點

①燙開縫份。

2 縫合後片與後片下部

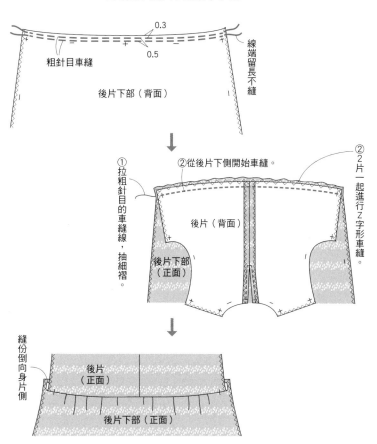

0.3

0.5

粗針目車縫

線端留長不縫

後片下部（背面）

①拉粗針目的車縫線，抽細褶。

②從後片下側開始車縫。

②2片一起進行 Z 字形車縫。

後片（背面）

後片下部（正面）

縫份倒向身片側

後片（正面）

後片下部（正面）

3 縫合肩線

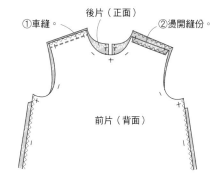

後片（正面）

①車縫。

②燙開縫份。

前片（背面）

5 製作、接縫領子

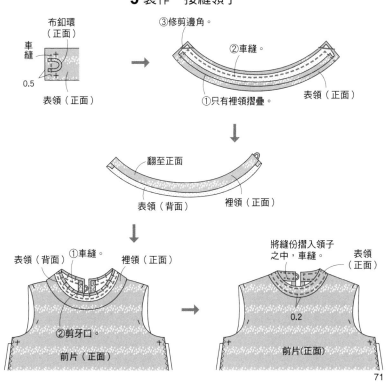

布釦環（正面）

車縫

0.5

表領（正面）

③修剪邊角。

②車縫。

①只有裡領摺疊。

表領（正面）

翻至正面

表領（背面）

裡領（正面）

表領（背面）

①車縫。

裡領（正面）

②剪牙口。

前片（正面）

將縫份摺入領子之中，車縫。

表領（正面）

0.2

前片（正面）

6 縫合脇線

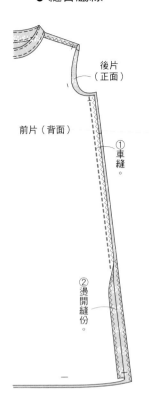

後片（正面）

前片（背面）

①車縫。

②燙開縫份。

7 縫合下襬線

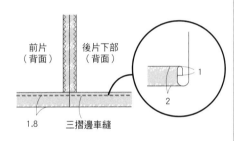

前片（背面）　後片下部（背面）

1

2

1.8　三摺邊車縫

8 製作袖子

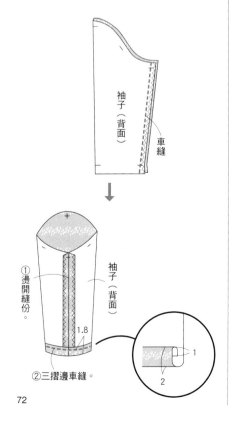

袖子（背面）

車縫

①燙開縫份。

袖子（背面）

1.8

1

2

②三摺邊車縫。

9 接縫袖子

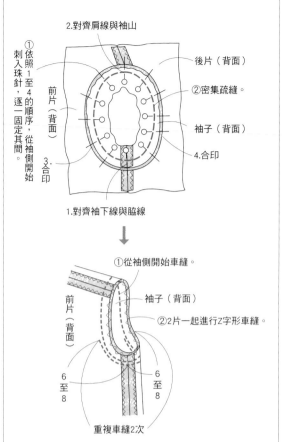

2.對齊肩線與袖山

①依照1至4的順序，從袖側開始刺入珠針，逐一固定其間。

前片（背面）

3.合印

後片（背面）

②密集疏縫。

袖子（背面）

4.合印

1.對齊袖下線與脇線

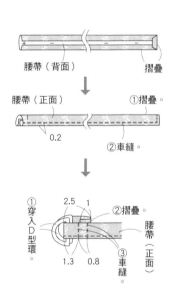

①從袖側開始車縫。

袖子（背面）

前片（背面）

②2片一起進行Z字形車縫。

6至8

6至8

重複車縫2次

10 製作腰帶

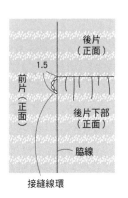

腰帶（背面）　摺疊

腰帶（正面）　①摺疊。

0.2　②車縫。

①穿入D型環。

2.5　1

②摺疊。

腰帶（正面）

1.3　0.8　③車縫。

11 接縫線環

後片（正面）

1.5

前片（正面）

後片下部（正面）

脇線

接縫線環

＜線環的接縫方法＞

脇線

進行一次回針縫

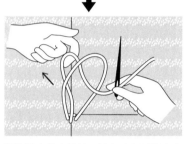

從線圈中拉出縫線，拉左手直到鬆弛感消失為止（鎖針）。

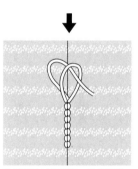

依照鎖針的要領，重複製作出必要的長度。

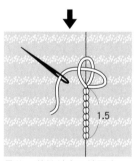

1.5

最後，將縫針穿入線圈之中，用力拉緊縫線。

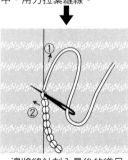

①

②

一邊將縫針刺入最後的織目中，一邊接縫固定於脇線上。

材料	尺寸	S	M	L	LL
No.12表布　表布 LIBERTY碎花棉布（TANA LAWN）／3333055（#BBE）	寬110cm	280cm	290cm	300cm	310cm
No.13表布　比利時亞麻素面布／209026（#07）	寬110cm	280cm	290cm	300cm	310cm
黏著襯	寬112cm	80cm	80cm	90cm	90cm
鈕釦	直徑1.1cm	12個	12個	12個	12個
完成尺寸	總長	107.9cm	111.3cm	114.1cm	116.9cm
	胸圍	101.5cm	108cm	113.6cm	118.8cm

關於紙型

◆原寸紙型：使用B面No. 12。

使用部件：前片、後片、袖子、上領、領台。

※裙片未附原寸紙型，請自行製圖。

＜紙型・製圖＞

☐＝原寸紙型

表布的裁布圖

◆除指定處之外，縫份皆為1cm。

☐＝黏著襯黏貼位置

數字的標記
S SIZE
M SIZE
L SIZE
LL SIZE
僅標示1個數字時表示各尺寸通用

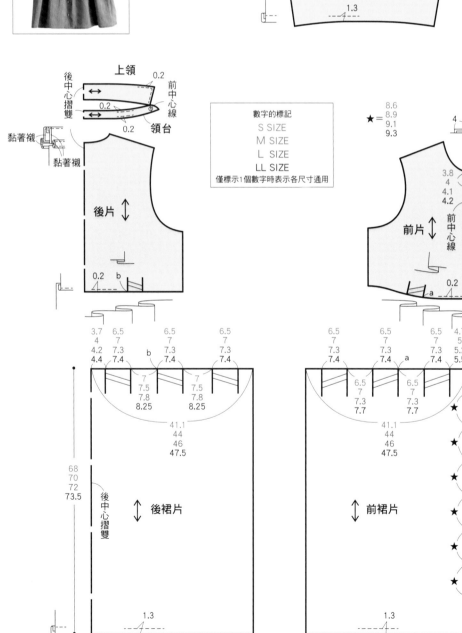

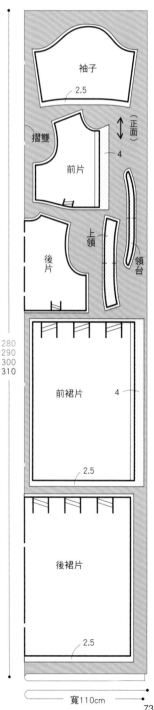

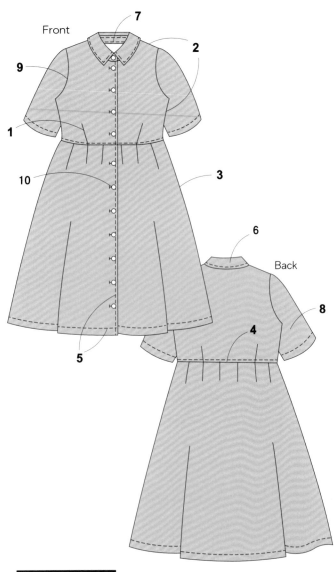

Front

7
2
9
1
10
3
6
Back
8
5
4

作法

＊於前端、領台、上領黏貼黏著襯，並於脇線、肩線、袖下線、前端上進行Z字形車縫之後，開始縫合。

1 摺疊褶襇

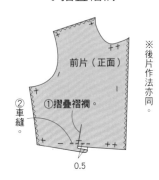

前片（正面）

※後片作法亦同。

①摺疊褶襇。

②車縫。

0.5

2 縫合肩線、脇線

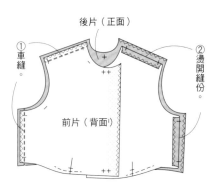

後片（正面）

①車縫。

②燙開縫份。

前片（背面）

3 製作裙子

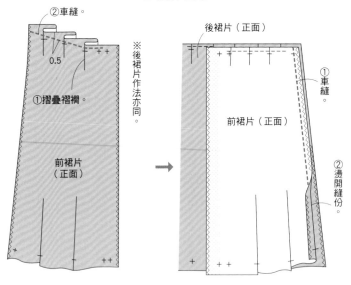

②車縫。

0.5

①摺疊褶襇。

前裙片（正面）

※後裙片作法亦同。

後裙片（正面）

①車縫。

前裙片（正面）

②燙開縫份。

4 接縫裙子

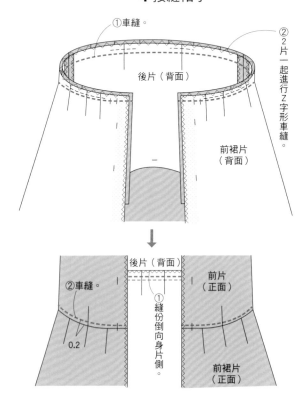

①車縫。

後片（背面）

②2片一起進行Z字形車縫。

前裙片（背面）

②車縫。

0.2

後片（背面）

①縫份倒向身片側。

前片（正面）

前裙片（正面）

5 縫合前端、下襬線

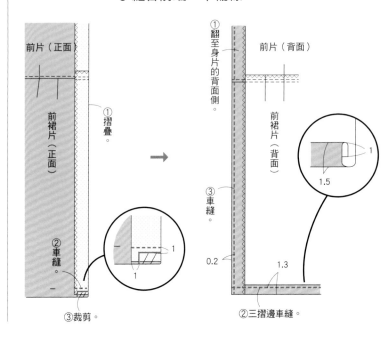

前片（正面）

前裙片（正面）

①摺疊。

②車縫。

③裁剪。

1

1

①翻至身片的背面側。

前片（背面）

前裙片（背面）

③車縫。

0.2

1.3

②三摺邊車縫。

1

1.5

6 製作領子

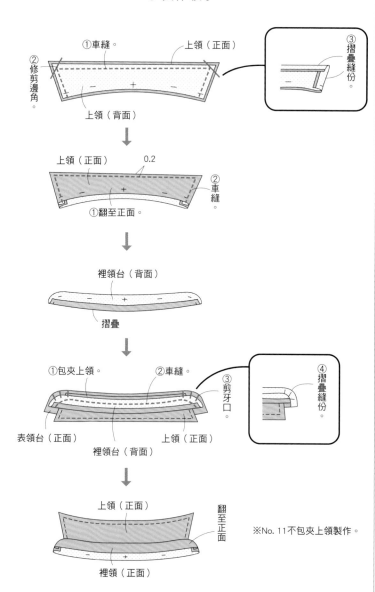

①車縫。
②修剪邊角。
上領（正面）
上領（背面）
③摺疊縫份。

上領（正面）
0.2
②車縫。
①翻至正面。

裡領台（背面）
摺疊

①包夾上領。
②車縫。
③剪牙口。
④摺疊縫份。
表領台（正面）
裡領台（背面）
上領（正面）

上領（正面）
翻至正面。
裡領（正面）

※No. 11不包夾上領製作。

7 接縫領子

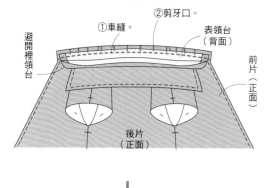

①車縫。
②剪牙口。
表領台（背面）
避開裡領台
前片（正面）
後片（正面）

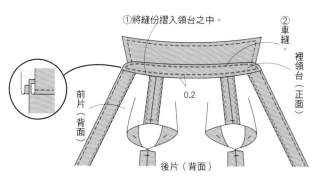

①將縫份摺入領台之中。
②車縫。
裡領台（正面）
前片（背面）
0.2
後片（背面）

8 製作袖子

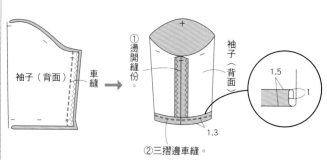

①燙開縫份。
袖子（背面）
車縫
袖子（背面）
1.5
1
1.3
②三摺邊車縫。

9 接縫袖子

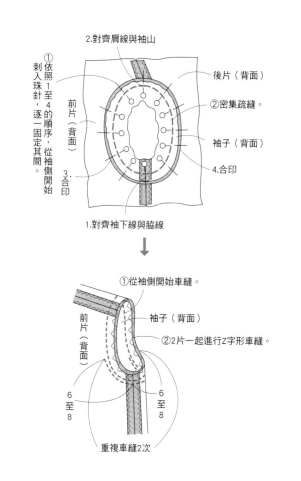

①依照1至4的順序，刺入珠針，逐一固定其間。從袖側開始
2.對齊肩線與袖山
後片（背面）
②密集疏縫。
前片（背面）
袖子（背面）
4.合印
3.合印
1.對齊袖下線與脇線

①從袖側開始車縫。
袖子（背面）
②2片一起進行Z字形車縫。
前片（背面）
6至8
6至8
重複車縫2次

10 製作釦眼、接縫鈕釦

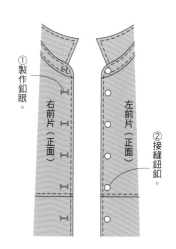

①製作釦眼
右前片（正面）
左前片（正面）
②接縫鈕釦

材料		尺寸	S	M	L	LL
表布	棉麻平織布／L2018（#31）	寬 112cm	320cm	320cm	340cm	350cm
配布	手工水洗布／AD2678（KM）	寬 110cm	50cm	50cm	50cm	50cm
黏著襯		寬 112cm	80cm	80cm	90cm	90cm
鈕釦		直徑 1.1cm	12 個	12 個	12 個	12 個
完成尺寸		總長	107.9cm	111.3cm	114.1cm	116.9cm
		胸圍	101.5cm	108cm	113.6cm	118.8cm

關於紙型

◆原寸紙型：使用 B 面 No. 11。

使用部件：前片、後片、袖子、領台。

※裙片、袖口未附原寸紙型，請自行製圖。

配布的裁布圖

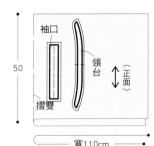

<紙型・製圖> ▢＝原寸紙型

表布的裁布圖

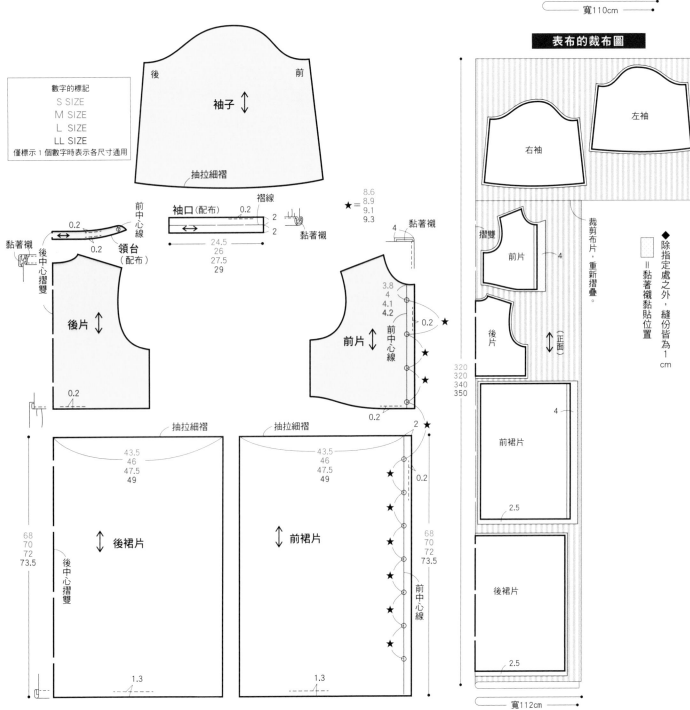

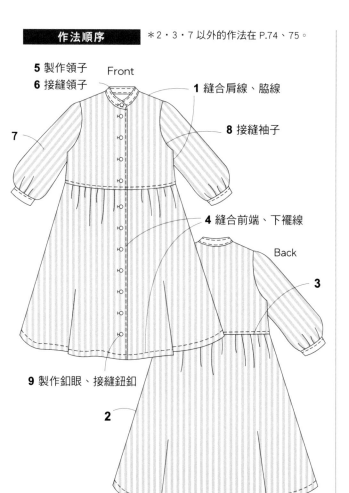

5 製作領子
6 接縫領子
Front
1 縫合肩線、脇線
8 接縫袖子
7
4 縫合前端、下襬線
Back
3
9 製作釦眼、接縫鈕釦
2

作法

＊於前端、領台、袖口上黏貼黏著襯，
並於脇線、肩線、袖下線、前端上
進行 Z 字形車縫之後，開始縫合。

2 製作裙子

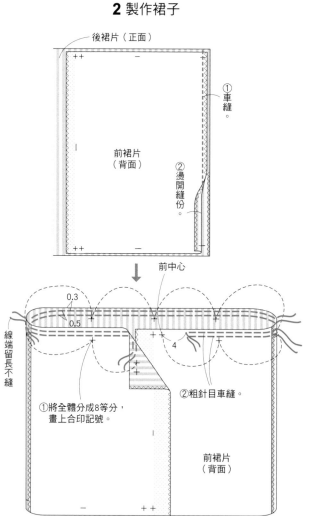

後裙片（正面）

前裙片
（背面）

① 車縫。

② 燙開縫份。

前中心

0.3
0.5

線端留長不縫

① 將全體分成8等分，
畫上合印記號。

② 粗針目車縫。

4

前裙片
（背面）

3 接縫裙子

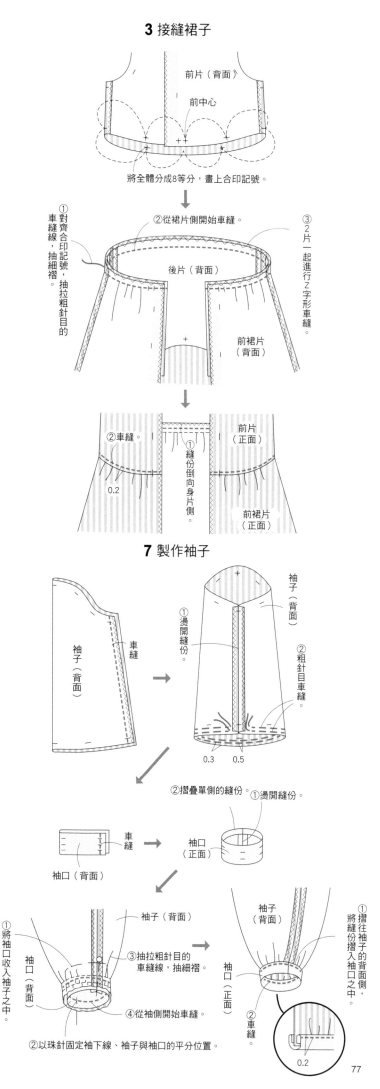

前片（背面）

前中心

將全體分成8等分，畫上合印記號。

① 對齊合印記號，車縫線，抽拉粗針目的

② 從裙片側開始車縫。

③ 2片一起進行Z字形車縫。

後片（背面）

前裙片
（背面）

② 車縫。

0.2

① 縫份倒向身片側。

前片
（正面）

前裙片
（正面）

7 製作袖子

袖子
（背面）

車縫

① 燙開縫份。

② 粗針目車縫。

袖子
（背面）

0.3 0.5

② 摺疊單側的縫份。

① 燙開縫份。

袖口（背面）

車縫

袖口
（正面）

① 將袖口收入袖子之中。

袖口
（背面）

袖子（背面）

③ 抽拉粗針目的車縫線，抽細褶。

④ 從袖側開始車縫。

② 以珠針固定袖下線、袖子與袖口的平分位置。

袖子
（背面）

袖口
（正面）

① 摺縫份摺入袖子的背面側，將縫份摺入袖口之中。

② 車縫

0.2

77

P. 26 16

P. 28 19

P. 35 26

材料		尺寸	S	M	L	LL
No.16 表布	格紋布／2656（#2J）	寬 108cm	180cm	190cm	190cm	200cm
No.19 表布	柔軟加工細平印花布／KOF-31（#BK）	寬 110cm	180cm	190cm	190cm	200cm
No.26 表布	刺繡雙層紗布／EG×7702F（#2D）	寬 110cm	180cm	190cm	190cm	200cm
鬆緊帶		寬 3cm	70cm	70cm	80cm	80cm
完成尺寸		裙長	78.5cm	80.5cm	82.5cm	84.5cm

關於紙型

◆未附原寸紙型。

※未附原寸紙型，請自行製圖。

數字的標記
S SIZE
M SIZE
L SIZE
LL SIZE
僅標示 1 個數字時表示各尺寸通用

＜製圖＞

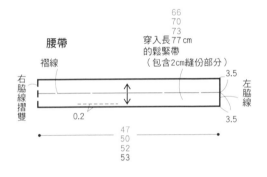

腰帶

褶線

右脇線摺雙

66
70
73
穿入長77 cm
的鬆緊帶
（包含2cm縫份部分）

3.5

左脇線

0.2

3.5

47
50
52
53

表布的裁布圖

◆除指定處之外，縫份皆為 1 cm。

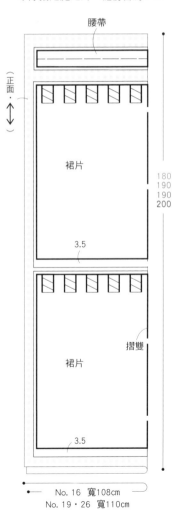

腰帶

（正面・）

裙片

180
190
190
200

3.5

裙片

摺雙

3.5

No. 16 寬108cm
No. 19・26 寬110cm

47
50
52
53

8

止縫點

★＝
4.7
5
5.2
5.3

2.5

鬆緊帶

裙片
（2片）

75
77
79
81

前・後中心摺雙

2.3

78

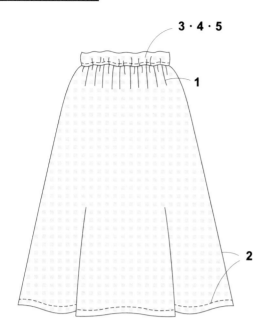

3·4·5

1

2

3 製作腰帶

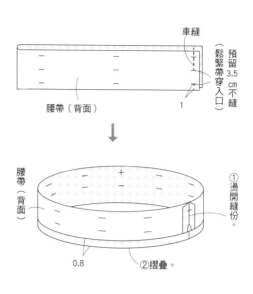

車縫

腰帶（背面）

1

（預留 3.5 cm 不縫 鬆緊帶穿入口）

腰帶（背面）

+

①燙開縫份。

0.8

②摺疊。

作法

1 縫合褶襉

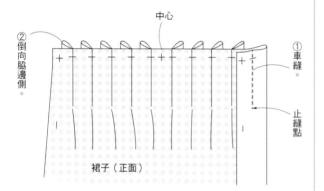

中心

②倒向脇邊側。

①車縫。

止縫點

裙子（正面）

4 接縫腰帶

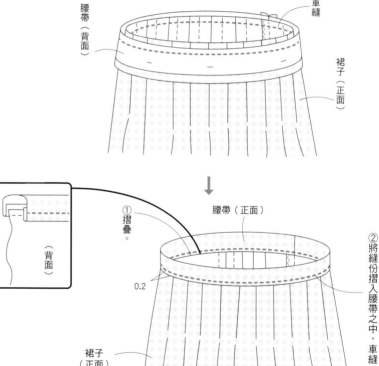

腰帶（背面）

車縫

裙子（正面）

（背面）

①摺疊。

腰帶（正面）

0.2

②將縫份摺入腰帶之中，車縫。

裙子（正面）

2 縫合脇線、下襬線

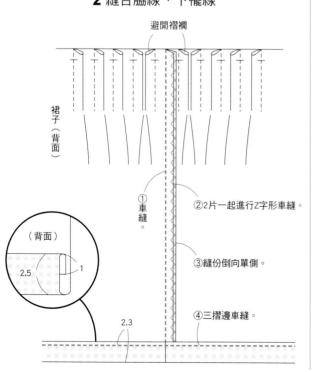

避開褶襉

裙子（背面）

①車縫。

②2片一起進行Z字形車縫。

③縫份倒向單側。

（背面）

2.5

1

④三摺邊車縫。

2.3

5 穿進鬆緊帶

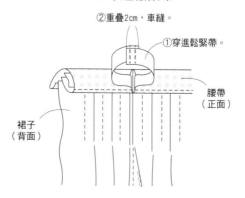

②重疊2cm，車縫。

①穿進鬆緊帶。

腰帶（正面）

裙子（背面）

材料		尺寸	S	M	L	LL
表布 柔軟加工細平印花布／KOF-31（#BK）		寬110cm	170cm	180cm	190cm	190cm
黏著襯		寬112cm	60cm	70cm	70cm	70cm
鈕釦		直徑1cm	7個	7個	7個	7個
完成尺寸		總長	63.8cm	65.8cm	67.5cm	69.2cm
		胸圍	96.6cm	102.8cm	108cm	113cm

關於紙型

◆原寸紙型：使用 C 面 No. 18。

使用部件：前片、後片、剪接、袖子、領子。

※袖口未附原寸紙型，請自行製圖。

數字的標記
S SIZE
M SIZE
L SIZE
LL SIZE
僅標示 1 個數字時表示各尺寸通用

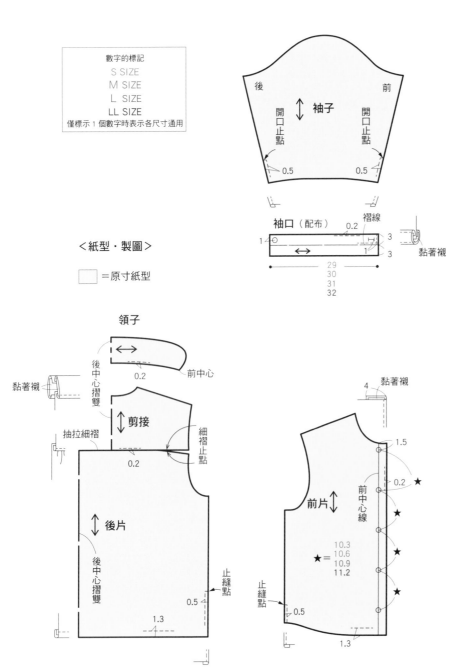

＜紙型・製圖＞

☐＝原寸紙型

領子

表布的裁布圖

◆除指定處之外，縫份皆為 1 cm。

☐＝黏著襯黏貼位置

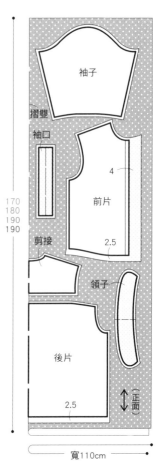

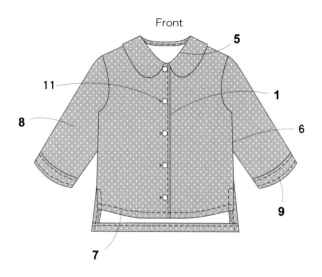

Front

5
11
1
8
6
9
7

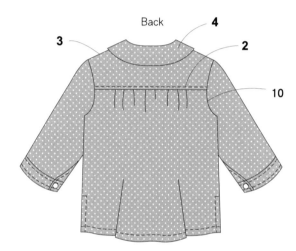

Back

4
3
2
10

作法

＊於前端、領子、袖口上黏貼黏著襯，並於脇線、肩線、袖下線、前端進行Z字形車縫之後，開始縫合。

1 縫合前端

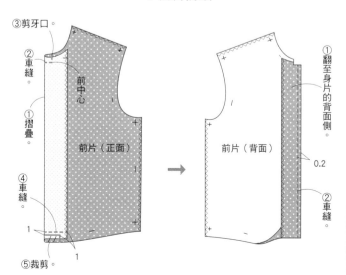

③剪牙口。
②車縫。
①摺疊。
④車縫。
1
1
⑤裁剪。

前中心
前片（正面）

①翻至身片的背面側。
前片（背面）
0.2
②車縫。

2 縫合後片與剪接

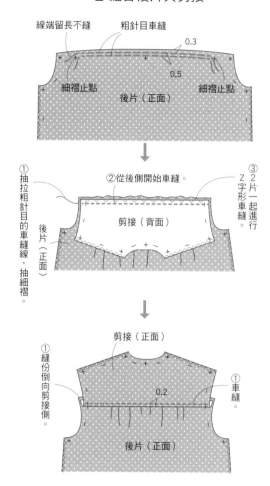

線端留長不縫　　粗針目車縫
0.3
0.5
細褶止點　　　細褶止點
後片（正面）

①抽拉粗針目的車縫線，抽細褶。
②從後側開始車縫。
③2片一起進行Z字形車縫。
剪接（背面）
後片（正面）

①縫份倒向剪接側。
剪接（正面）
0.2
①車縫。
後片（正面）

3 縫合肩線

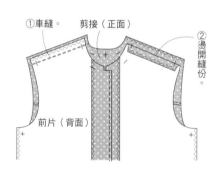

①車縫。　剪接（正面）
②燙開縫份。
前片（背面）

4 製作領子

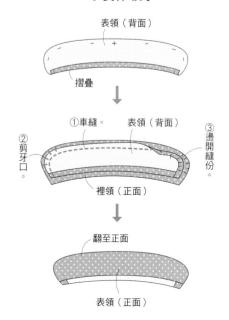

表領（背面）
摺疊

①車縫。　表領（背面）
②剪牙口。
③燙開縫份。
裡領（正面）

翻至正面
表領（正面）

81

5 接縫領子

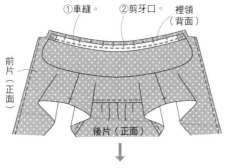

①車縫。　②剪牙口。　裡領（背面）

前片（正面）

後片（正面）

將縫份摺入領子之中，車縫。

表領（正面）

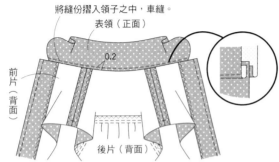

前片（背面）

0.2

後片（背面）

6 縫合脇線

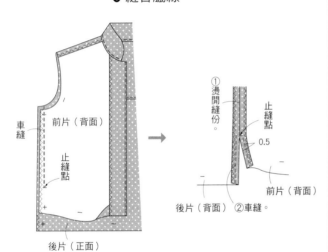

車縫

前片（背面）

止縫點

後片（正面）

①燙開縫份。

止縫點

0.5

後片（背面）　②車縫。

前片（背面）

7 縫合下襬線

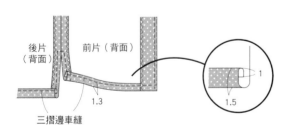

後片（背面）　前片（背面）

1

1.3

1.5

三摺邊車縫

8 製作袖子

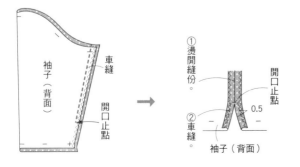

袖子（背面）

車縫

開口止點

①燙開縫份。

0.5

②車縫。

開口止點

袖子（背面）

9 接縫袖口

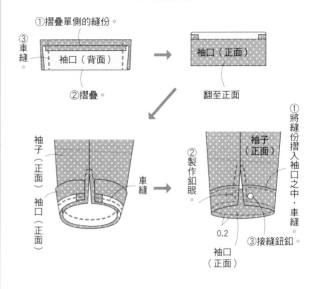

①摺疊單側的縫份。

③車縫。

袖口（背面）

②摺疊。

袖口（正面）

翻至正面

袖子（正面）　袖口（正面）

車縫

①將縫份摺入袖口之中，車縫。

②製作釦眼。

袖子（正面）

0.2

③接縫鈕釦。

袖口（正面）

10 接縫袖子

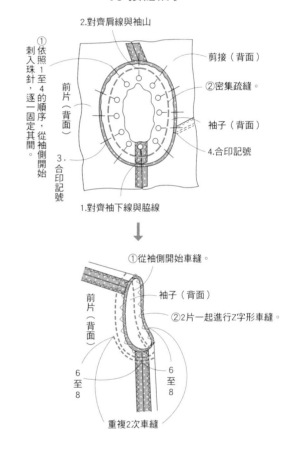

2.對齊肩線與袖山

剪接（背面）

①依照1至4的順序，從袖側開始刺入珠針，逐一固定其間。

前片（背面）

②密集疏縫。

袖子（背面）

3.合印記號

4.合印記號

1.對齊袖下線與脇線

①從袖側開始車縫。

袖子（背面）

前片（背面）

②2片一起進行Z字形車縫。

6至8　　6至8

重複2次車縫

11 製作釦眼、接縫鈕釦

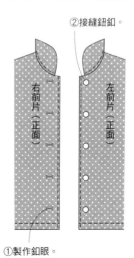

②接縫鈕釦。

右前片（正面）　左前片（正面）

①製作釦眼。

材料	尺寸	S	M	L	LL
No.20 表布 柔軟加工亞麻人字呢水洗布／OA39203（K）	寬 110cm	230cm	240cm	250cm	260cm
No.22 表布 亞麻青年布／55452（#4）	寬 144cm	170cm	180cm	190cm	200cm
黏著襯	寬 112cm	80cm	80cm	90cm	90cm
鈕釦	直徑 2cm	2 個	2 個	2 個	2 個
完成尺寸	總長	71.5cm	73.5cm	75.5cm	78.5cm
	胸圍	106.8cm	110.8cm	114.6cm	120.8cm

關於紙型

◆原寸紙型：使用 C 面 No. 20。

使用部件：前片、後片、袖子、前貼邊、後貼邊、口袋。

＜紙型＞ □ ＝原寸紙型

數字的標記
S SIZE
M SIZE
L SIZE
L LSIZE
僅標示 1 個數字時表示各尺寸通用

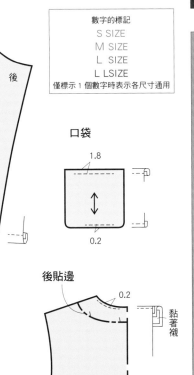

No. 20 表布的裁布圖

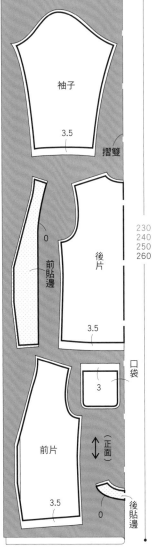

◆除指定處之外，縫份皆為 1 cm。

▨ ＝黏著襯黏貼位置

No. 22 表布的裁布圖

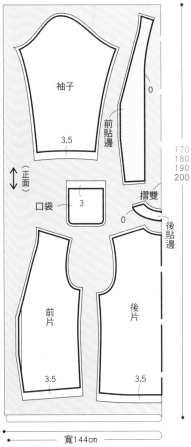

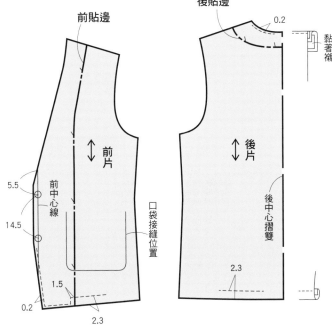

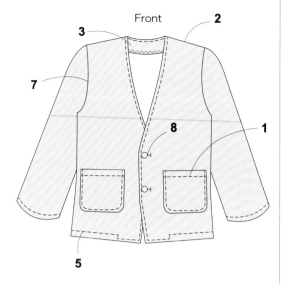

Front

3 2 7 8 1 5

Back

6 4

2 縫合肩線

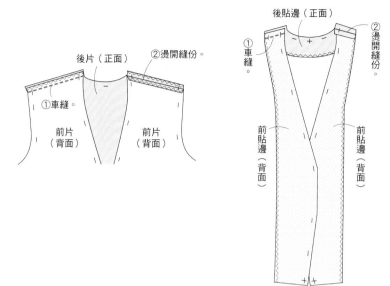

後片（正面）
①車縫。
②燙開縫份。
前片（背面） 前片（背面）

後貼邊（正面）
②燙開縫份。
①車縫。
前貼邊（背面） 前貼邊（背面）

作法 ＊於貼邊上黏貼黏著襯，並於脇線、肩線、袖下線、貼邊上進行Z字形車縫之後，開始縫合。

1 製作、接縫口袋

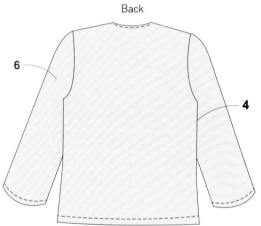

①三摺邊車縫。
1.8　2
1
口袋（背面）
②粗針目車縫。
0.5

口袋（背面）
②摺疊。
加上厚紙
①抽拉粗針目的車縫線。

前片（正面）
口袋（正面）
車縫
口袋（正面）
0.2

3 接縫貼邊

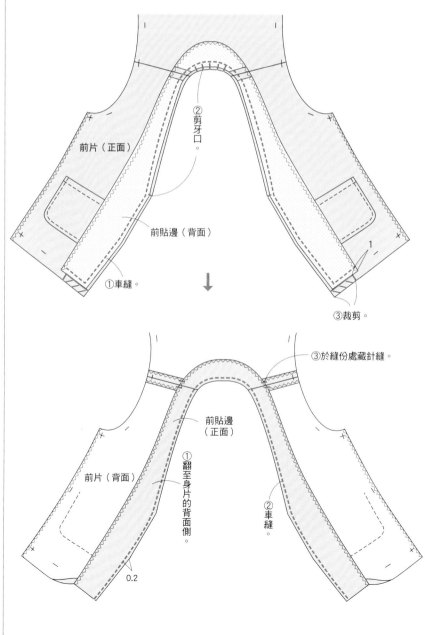

前片（正面）
②剪牙口。
前貼邊（背面）
①車縫。
③裁剪。
1

③於縫份處藏針縫。
前貼邊（正面）
前片（背面）
①翻至身片的背面側。
②車縫。
0.2

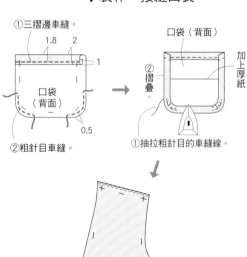

84

4 縫合脇線

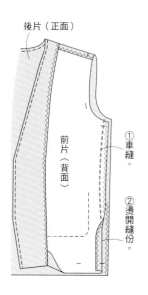

後片（正面）

前片（背面）

①車縫。

②燙開縫份。

5 縫合下襬線

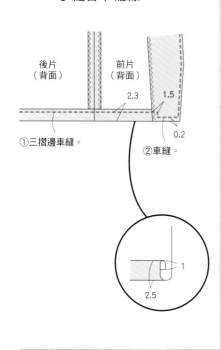

後片（背面）

前片（背面）

2.3

1.5

①三摺邊車縫。

0.2

②車縫。

1

2.5

6 製作袖子

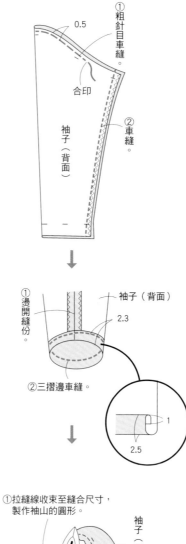

0.5

粗針目車縫。

合印

袖子（背面）

②車縫。

①燙開縫份。

袖子（背面）

2.3

②三摺邊車縫。

1

2.5

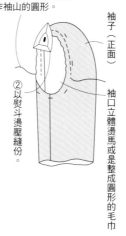

①拉縫線收束至縫合尺寸，製作袖山的圓形。

②以熨斗燙壓縫份。

袖子（正面）

袖口立體燙馬或是整成圓形的毛巾

7 接縫袖子

①依照1至4的順序，從袖側開始刺入珠針，逐一固定其間

2.對齊肩線與袖山

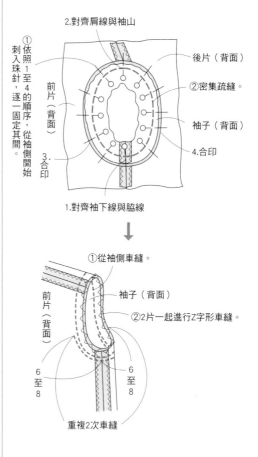

後片（背面）

②密集疏縫。

前片（背面）

袖子（背面）

4.合印

3.合印

1.對齊袖下線與脇線

①從袖側車縫。

袖子（背面）

前片（背面）

②2片一起進行Z字形車縫。

6至8

6至8

重複2次車縫

8 製作釦眼、接縫鈕釦

①製作釦眼。

右前片（正面）

左前片（正面）

②接縫鈕釦。

疏縫

在以縫紉機車縫之前，為了避免偏移錯位而事先縫合的方法稱之為疏縫。線材使用疏縫線。

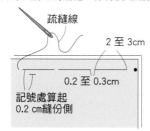

疏縫線

2 至 3cm

0.2 至 0.3cm

記號處算起
0.2 cm縫份側

立針縫

在疊放所有布片等場合時使用的縫合方法。

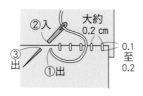

②入

大約 0.2 cm

③出

①出

0.1 至 0.2

ㄇ字縫

主要是在藏針縫返口時使用的縫合方法。

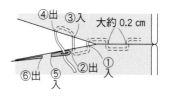

④出

③入

大約 0.2 cm

⑥出

⑤入

②出

①入

材料		尺寸	S	M	L	LL
表布 柔軟加工亞麻人字呢水洗布／OA39201（原色）		寬110cm	180cm	190cm	200cm	200cm
黏著襯		寬112cm	70cm	70cm	70cm	70cm
鈕釦		直徑2cm	4個	4個	4個	4個
完成尺寸		總長	56.1cm	57.8cm	59.3cm	60.8cm
		胸圍	99.2cm	105.4cm	110.8cm	117cm

關於紙型

◆原寸紙型：使用 B 面 No. 21。

使用部件：前片、後片、剪接、袖子、前貼邊、後貼邊、口袋。

表布的裁布圖

◆除指定處之外，縫份皆為 1 cm。

▢＝黏著襯黏貼位置

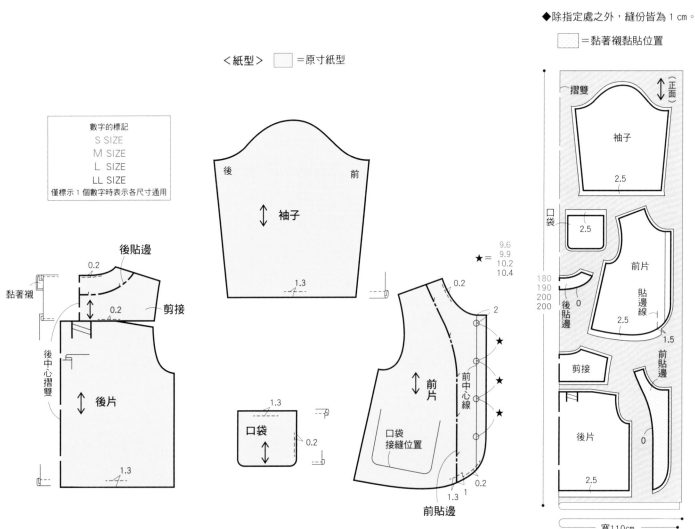

＜紙型＞ ▢＝原寸紙型

數字的標記
S SIZE
M SIZE
L SIZE
LL SIZE
僅標示1個數字時表示各尺寸通用

製作順序

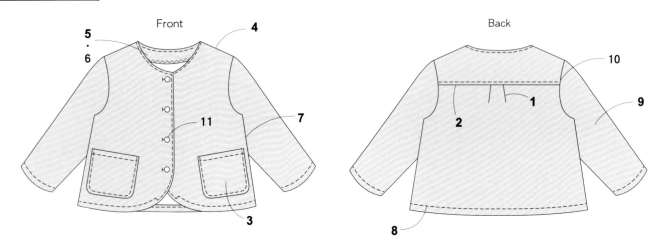

Front

Back

＊於貼邊上黏貼黏著襯，並於脇線、肩線、袖下線、貼邊上進行Z字形車縫之後，開始縫合。

1 摺疊褶襉

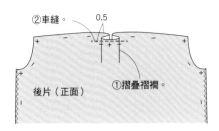

②車縫。　0.5
①摺疊褶襉。
後片（正面）

2 縫合後片與剪接

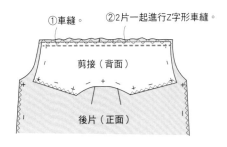

①車縫。　②2片一起進行Z字形車縫。
剪接（背面）
後片（正面）

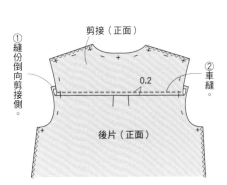

①縫份倒向剪接側。
剪接（正面）
0.2
②車縫。
後片（正面）

3 製作、接縫口袋

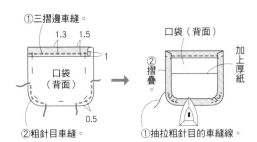

①三摺邊車縫。
1.3　1.5
1
口袋（背面）
0.5
②粗針目車縫。

口袋（背面）
②摺疊。
加上厚紙
①抽拉粗針目的車縫線。

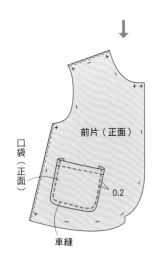

前片（正面）
口袋（正面）
0.2
口袋（正面）
車縫

4 縫合肩線

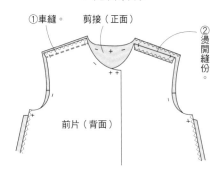

①車縫。　剪接（正面）　②燙開縫份。
前片（背面）

5 製作貼邊

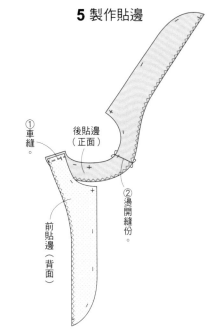

①車縫。
後貼邊（正面）
②燙開縫份。
前貼邊（背面）

6 接縫貼邊

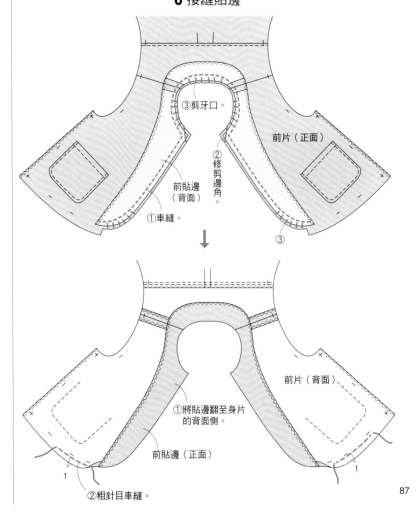

③剪牙口
②修剪邊角。
前片（正面）
前貼邊（背面）
①車縫。
③

①將貼邊翻至身片的背面側。
前貼邊（正面）
前片（背面）
1
②粗針目車縫。

7 縫合脇線

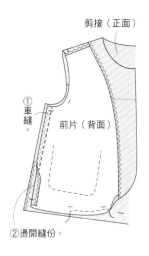

剪接（正面）

①車縫。

前片（背面）

②燙開縫份。

9 製作袖子

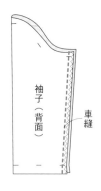

袖子（背面）

車縫

8 縫合下襬線

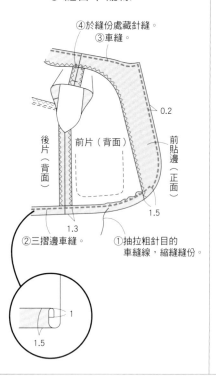

④於縫份處藏針縫。
③車縫。

後片（背面）

前片（背面）

前貼邊（正面）

0.2

1.5

1.3

②三摺邊車縫。

①抽拉粗針目的車縫線，縮縫縫份。

1

1.5

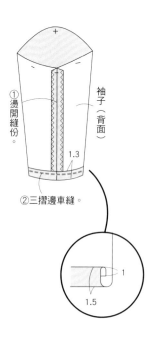

①燙開縫份。

袖子（背面）

1.3

②三摺邊車縫。

1

1.5

10 接縫袖子

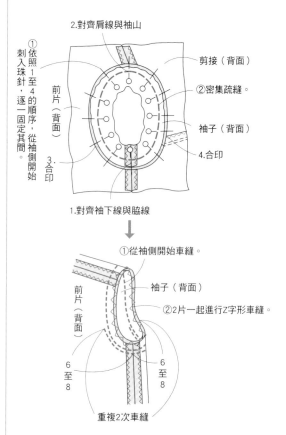

2.對齊肩線與袖山

剪接（背面）

②密集疏縫。

前片（背面）

袖子（背面）

4.合印

①依照1至4的順序，從袖側開始刺入珠針，逐一固定其間。

3.合印

1.對齊袖下線與脇線

①從袖側開始車縫。

袖子（背面）

②2片一起進行Z字形車縫。

前片（背面）

6至8

6至8

重複2次車縫

11 製作釦眼、接縫鈕釦

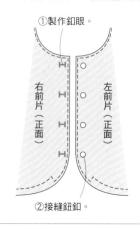

①製作釦眼。

右前片（正面）

左前片（正面）

②接縫鈕釦。

縫線顏色的選法

縫線的顏色基本上使用與布料同色。沒有同色的縫線時，請如圖所示，選擇各自對應的色線。

縫線顏色不突兀的同色系相近色

比布料再稍微深的顏色

比布料再稍微淺的顏色

格紋 or 印花圖案

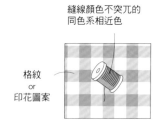

深色的布料

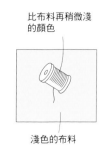

淺色的布料

鈕釦的接縫方法

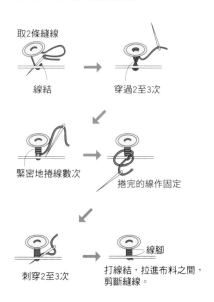

取2條縫線

線結

穿過2至3次

緊密地捲線數次

捲完的線作固定

刺穿2至3次

線腳

打線結，拉進布料之間，剪斷縫線。

88

材料	尺寸	S	M	L	LL
表布 亞麻青年布／55452（#4）	寬 144cm	260cm	270cm	280cm	290cm
黏著襯	寬 112cm	110cm	110cm	120cm	120cm
鈕釦	直徑 2.2cm	3 個	3 個	3 個	3 個
完成尺寸	總長	97.5cm	100.5cm	103.1cm	105.8cm
	胸圍	99cm	105.4cm	110.8cm	116cm

關於紙型

◆原寸紙型：使用 A 面 No. 23。

使用部件：前片、後片、剪接、袖子、前貼邊、後貼邊、袖貼邊、口袋、領子。

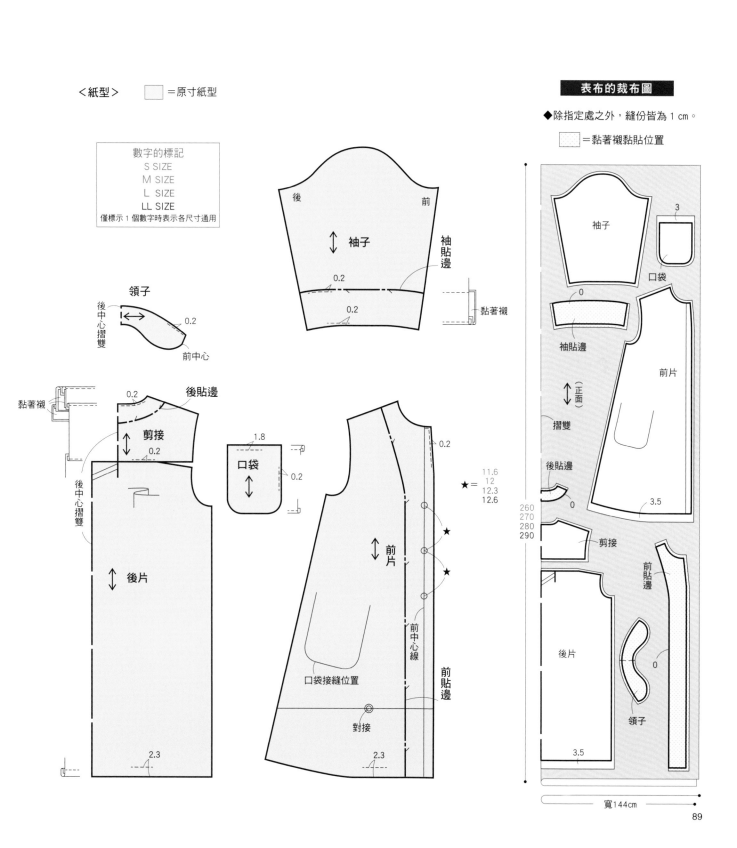

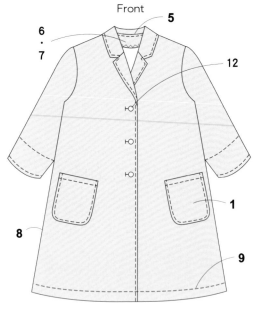

Front

6 · 7   5

12

1

8

9

Back

4

11

3   2

10

作法

＊於領子、貼邊上黏貼黏著襯，並於脇線、肩線、
袖下線、貼邊上進行 Z 字形車縫之後，開始縫合。

1 製作、接縫口袋

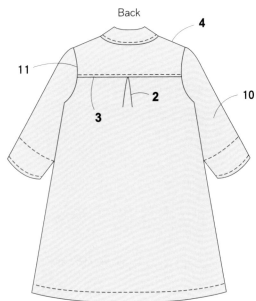

①三摺邊車縫。
1.8   2
1
口袋（背面）
0.5
②粗針目車縫。

口袋（背面）
②摺疊。
加上厚紙
①抽拉粗針目的車縫線。

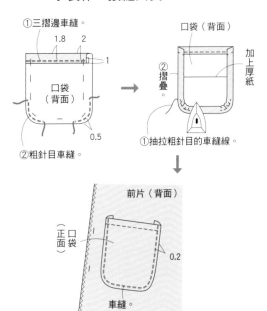

前片（背面）
（正面）口袋
0.2
車縫。

2 摺疊褶襴

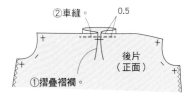

②車縫。   0.5
後片（正面）
①摺疊褶襴。

3 縫合後片與剪接

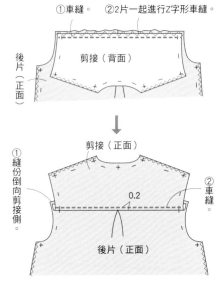

①車縫。   ②2片一起進行Z字形車縫。
剪接（背面）
後片（正面）

①縫份倒向剪接側。
剪接（正面）
0.2
②車縫。
後片（正面）

4 縫合肩線

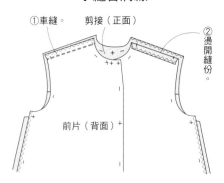

①車縫。   剪接（正面）
②燙開縫份。
前片（背面）

5 製作、接縫領子

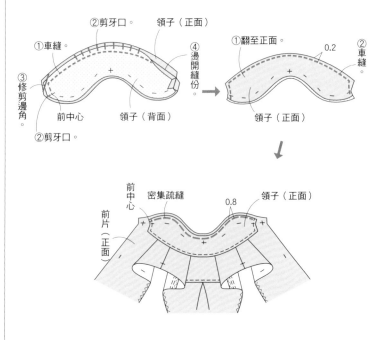

②剪牙口。   領子（正面）
①車縫。
③修剪邊角。
前中心
②剪牙口。
領子（背面）

④燙開縫份。
①翻至正面。   0.2
②車縫。
領子（正面）

前中心
密集疏縫   0.8
領子（正面）
前片（正面）

6 製作貼邊

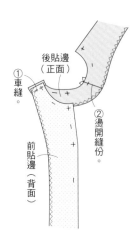

後貼邊（正面）
①車縫。
②燙開縫份。
前貼邊（背面）

7 接縫貼邊

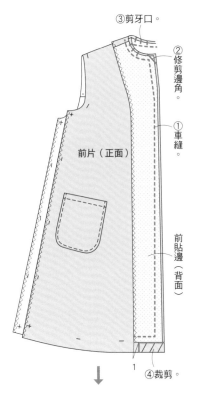

③剪牙口。
②修剪邊角。
①車縫。
前片（正面）
前貼邊（背面）
1
④裁剪。

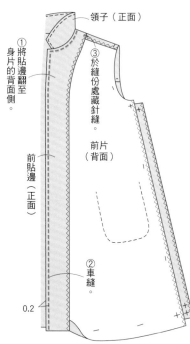

領子（正面）
①將貼邊翻至身片的背面側。
③於縫份處藏針縫。
前片（背面）
前貼邊（正面）
②車縫。
0.2

8 縫合脇線

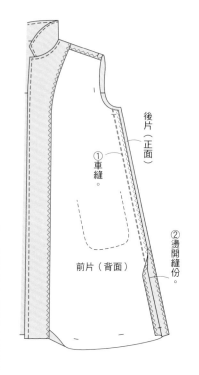

①車縫。
後片（正面）
②燙開縫份。
前片（背面）

9 縫合下襬線

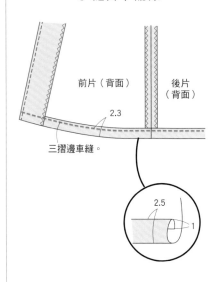

前片（背面）
後片（背面）
2.3
三摺邊車縫。
2.5
1

10 製作袖子

①車縫。
袖子（背面）
②燙開縫份。
袖貼邊（背面）
車縫。

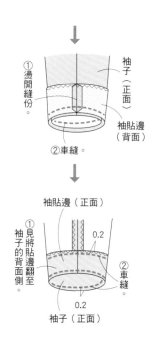

①燙開縫份。
袖子（正面）
袖貼邊（背面）
②車縫。
袖貼邊（正面）
①見將貼邊翻至袖子的背面側。
0.2
②車縫。
0.2
袖子（正面）

11 接縫袖子

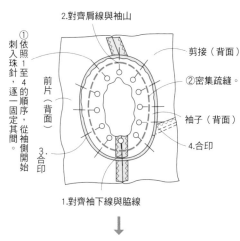

①依照1至4的順序，從袖側開始刺入珠針，逐一固定其間。
2.對齊肩線與袖山
剪接（背面）
②密集疏縫。
前片（背面）
袖子（背面）
4.合印
3.合印
1.對齊袖下線與脇線

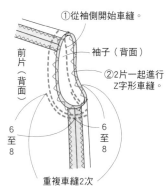

①從袖側開始車縫。
袖子（背面）
②2片一起進行Z字形車縫。
前片（背面）
6至8
6至8
重複車縫2次

12 製作釦眼、接縫鈕釦

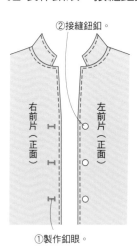

②接縫鈕釦。
右前片（正面）
左前片（正面）
①製作釦眼。

 **P.33 24**　 **P.34 25**

材料	尺寸	S	M	L	LL
No.24 表布　絲光斜紋棉布／17000（#W1）	寬112cm	190cm	200cm	200cm	210cm
No.25 表布　表布　絲光斜紋棉布／17000（#M318）	寬112cm	190cm	200cm	210cm	220cm
黏著襯	寬112cm	10cm	10cm	10cm	10cm
鬆緊帶	寬3cm	40cm	40cm	40cm	40cm
完成尺寸	褲長	72.5cm	75.5cm	78cm	80cm

關於紙型

◆原寸紙型：使用 A 面 No.25。

使用部件：前片、後片、袋布、脇布。

※腰帶未附原寸紙型，請自行製圖。

<紙型・製圖>　▢＝原寸紙型

穿入長

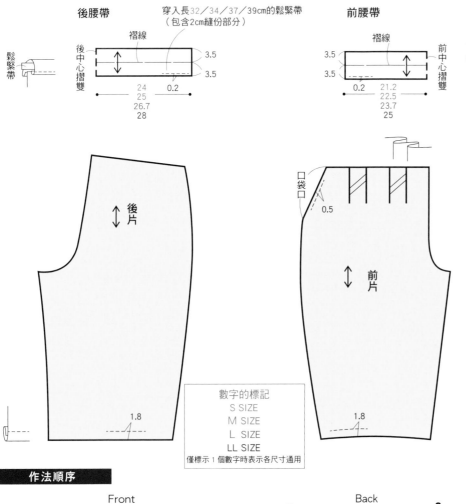

後腰帶

穿入長32／34／37／39cm的鬆緊帶
（包含2cm縫份部分）

褶線

後中心摺雙

3.5
3.5

24
25
26.7
28
0.2

鬆緊帶

前腰帶

褶線

前中心摺雙

3.5
3.5

0.2　21.2
22.5
23.7
25

袋布

黏著襯

口袋
口袋

0.5

脇布

口袋
口袋

↑後片↓

↑前片↓

口袋
口袋

0.5

1.8

1.8

數字的標記
S SIZE
M SIZE
L SIZE
LL SIZE
僅標示 1 個數字時表示各尺寸通用

表布的裁布圖

◆除指定處之外，縫份皆為 1 cm。

▢＝黏著襯黏貼位置

脇布　後腰帶

前腰帶

前片

3

摺雙

袋布

後片

（正面）

3

190
200
200
210

寬112cm

作法順序

Front

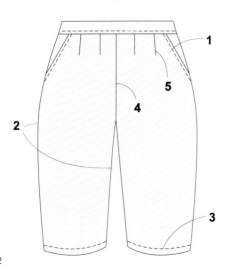

1
5
4
2
3

Back

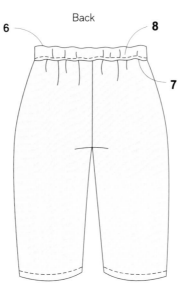

6
8
7

92

＊於前腰帶上黏貼著襯，並於脇線、股下線、股上線、袋布、脇布上進行Z字形車縫之後，開始縫合。

1 接縫脇布、袋布

車縫。

袋布（背面）

前片（正面）

①翻至背面側。

袋布（正面）

0.5

②車縫。

前片（背面）

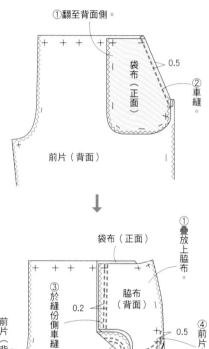

①疊放上脇布。

袋布（正面）

③於縫份側車縫。

0.2

脇布（背面）

前片（背面）

②車縫。

0.5

④前片亦一起車縫。

2 縫合脇線、股下線

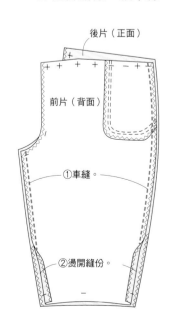

後片（正面）

前片（背面）

①車縫。

②燙開縫份。

3 縫合下襬線

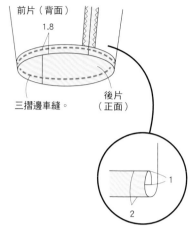

前片（背面）

1.8

後片（正面）

三摺邊車縫。

1

2

4 縫合股上線

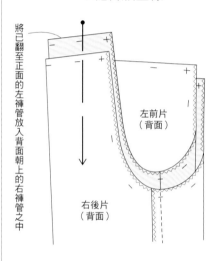

將已翻至正面的左褲管放入背面朝上的右褲管之中

左前片（背面）

右後片（背面）

重複車縫2次

左前片（背面）

右後片（背面）

右前片（背面）

5 摺疊褶襉

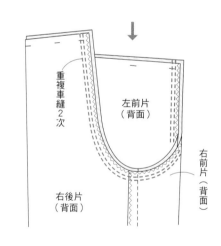

②摺疊褶襉。

①燙開縫份。

0.5

③車縫。

前片（正面）

6 製作腰帶

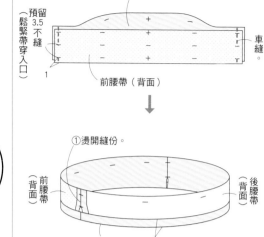

後腰帶（正面）

預留3.5不縫（鬆緊帶穿入口）

車縫。

1

前腰帶（背面）

①燙開縫份。

前腰帶（背面）

後腰帶（背面）

②摺疊。

0.8

7 接縫腰帶

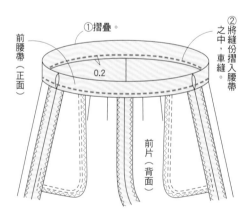

車縫。

後腰帶（背面）

後片（背面）

前片（正面）

後片（正面）

①摺疊。

②將縫份摺入腰帶之中，車縫。

前腰帶（正面）

0.2

前片（背面）

8 穿進鬆緊帶

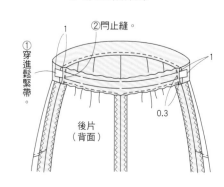

②閂止縫。

1

①穿進鬆緊帶。

1

0.3

後片（背面）

材料		尺寸	S	M	L	LL
表布	天日干棉質綾織布／7000（#OW）	寬 112cm	160cm	170cm	180cm	180cm
鬆緊帶		寬 3cm	70cm	70cm	80cm	80cm
完成尺寸		裙長	75.2cm	77.5cm	79.4cm	81.3cm

關於紙型

◆原寸紙型：使用 D 面 No. 27。

使用部件：裙片。

※腰帶未附原寸紙型，請自行製圖。

＜紙型・製圖＞ □＝原寸紙型

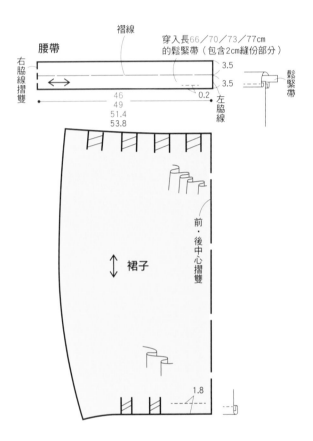

數字的標記
S SIZE
M SIZE
L SIZE
LL SIZE
僅標示 1 個數字時表示各尺寸通用

表布的裁布圖

◆除指定處之外，縫份皆為 1 cm。

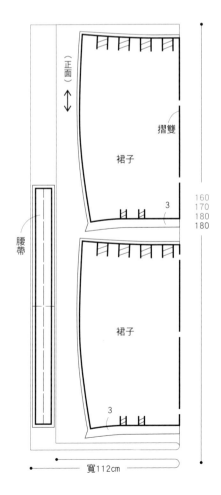

作法順序

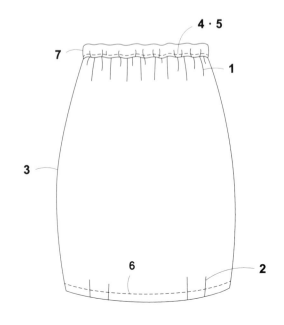

＊於脇線上進行 Z 字形車縫之後，開始縫合。

1 摺疊腰間的褶襉

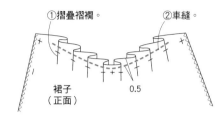

①摺疊褶襉。 　②車縫。
裙子（正面）
0.5

2 摺疊下襬的褶襉

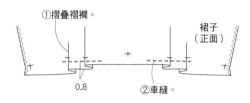

①摺疊褶襉。 　裙子（正面）
0.8 　②車縫。

3 縫合脇線

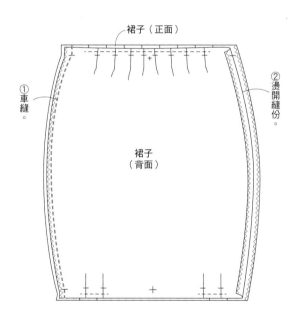

裙子（正面）
①車縫。
②燙開縫份。
裙子（背面）

4 製作腰帶

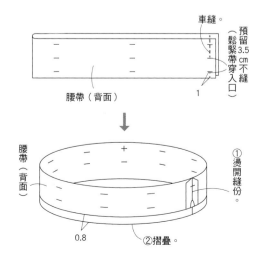

車縫。
預留3.5cm不縫（鬆緊帶穿入口）
腰帶（背面）
1

腰帶（背面）
①燙開縫份。
0.8
②摺疊。

5 接縫腰帶

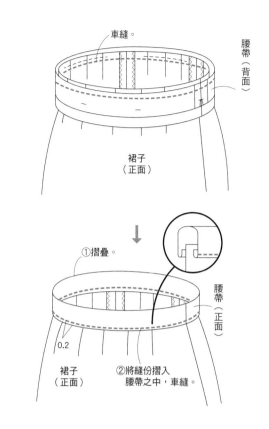

車縫。
腰帶（背面）
裙子（正面）

①摺疊。
0.2
腰帶（正面）
裙子（正面）
②將縫份摺入腰帶之中，車縫。

6 縫合下襬線

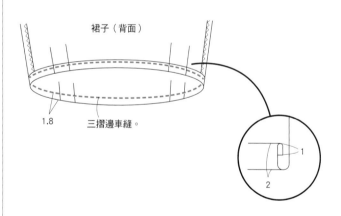

裙子（背面）
1.8
三摺邊車縫。
1
2

7 穿進鬆緊帶

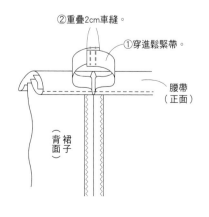

②重疊2cm車縫。
①穿進鬆緊帶。
腰帶（正面）
裙子（背面）

材料	尺寸	S	M	L	LL
表布　柔軟加工細平印花布／KOF-32（#NV）	寬110cm	180cm	190cm	200cm	220cm
鬆緊帶	寬 3cm	70cm	70cm	80cm	80cm
完成尺寸	褲長	78cm	80cm	82.5cm	84.5cm

關於紙型

◆原寸紙型：使用 D 面 No. 28。

使用部件：前片、後片。

※腰帶未附原寸紙型，請自行製圖。

＜紙型・製圖＞ ☐＝原寸紙型

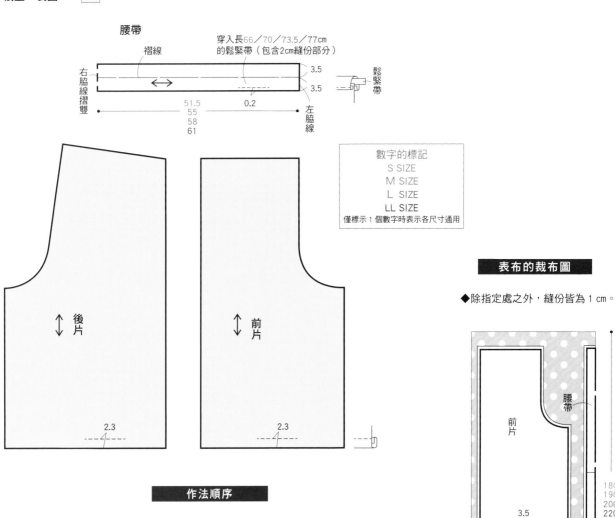

腰帶

穿入長66／70／73.5／77cm
的鬆緊帶（包含2cm縫份部分）

右脇線摺雙　褶線　3.5　3.5　左脇線　鬆緊帶

51.5
55
58
61

0.2

數字的標記
S SIZE
M SIZE
L SIZE
LL SIZE
僅標示 1 個數字時表示各尺寸通用

↑後片↓　2.3

↑前片↓　2.3

表布的裁布圖

◆除指定處之外，縫份皆為 1 ㎝。

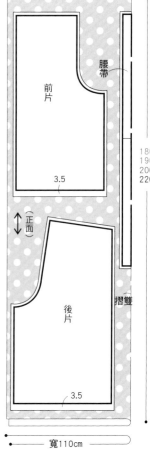

前片

腰帶

3.5

（正面）

後片

3.5

180
190
200
220

摺雙

寬110cm

作法順序

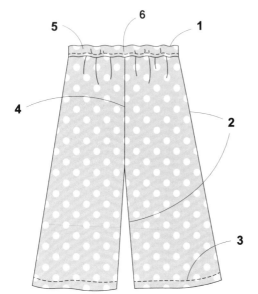

5　6　1

4

2

3

＊於股上線進行 Z 字形車縫之後，開始縫合。

1 製作腰帶

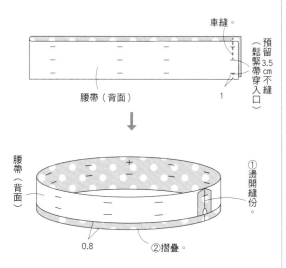

車縫。

腰帶（背面）

預留 3.5 cm 不縫（鬆緊帶穿入口）

1

腰帶（背面）

①燙開縫份。

②摺疊。

0.8

2 縫合脇線、股下線

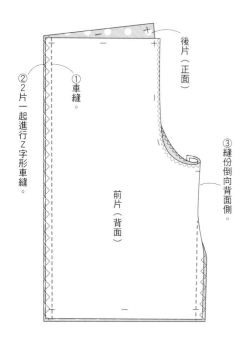

②2片一起進行 Z 字形車縫。

①車縫。

後片（正面）

③縫份倒向背面側。

前片（背面）

3 縫合下襬線

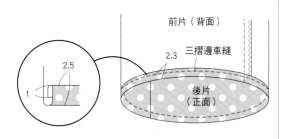

前片（背面）

三摺邊車縫

2.3

後片（正面）

2.5

1

4 縫合股上線

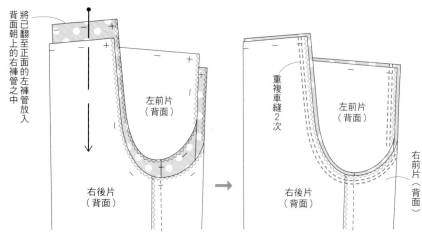

將已翻至正面的左褲管放入背面朝上的右褲管之中

左前片（背面）

右後片（背面）

重複車縫2次

左前片（背面）

右後片（背面）

右前片（背面）

5 接縫腰帶

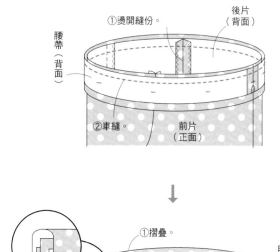

①燙開縫份。

後片（背面）

腰帶（背面）

②車縫。

前片（正面）

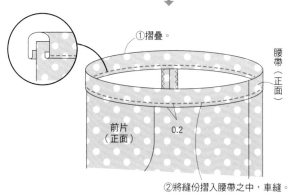

①摺疊。

腰帶（正面）

前片（正面）

0.2

②將縫份摺入腰帶之中，車縫。

6 穿進鬆緊帶

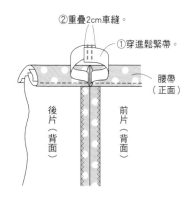

②重疊2cm車縫。

①穿進鬆緊帶。

腰帶（正面）

後片（背面）

前片（背面）

材料		尺寸	S	M	L	LL
表布	緹花雙層紗布／CLT308（＃04A）	寬112cm	250cm	270cm	300cm	320cm
鬆緊帶		寬3cm	70cm	70cm	80cm	80cm
完成尺寸		裙長	73.5cm	76.5cm	77.5cm	80.5cm

關於紙型

◆原寸紙型：使用 D 面 No. 30。

使用部件：裙片。

※腰帶未附原寸紙型，請自行製圖。

＜紙型・製圖＞ ☐ =原寸紙型

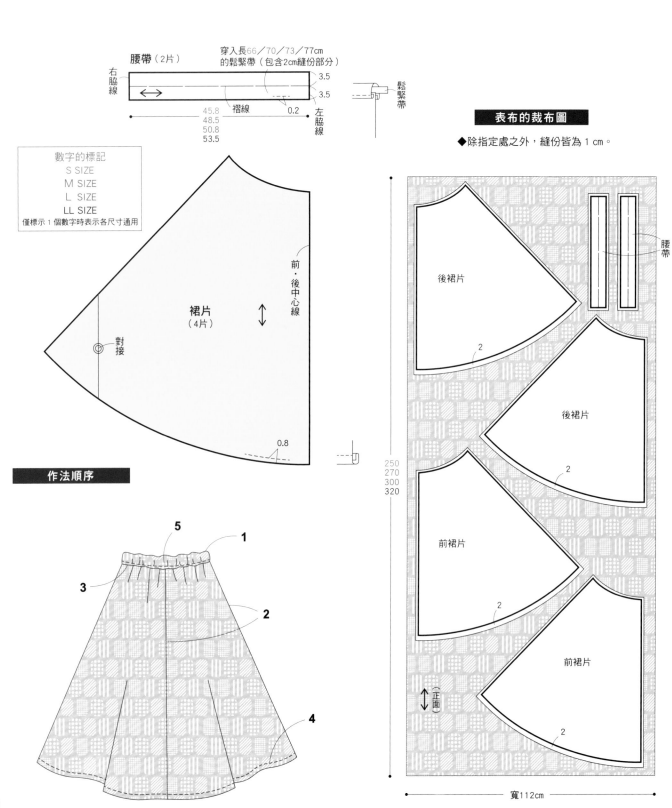

腰帶（2片）

穿入長66／70／73／77cm
的鬆緊帶（包含2cm縫份部分）

右脇線

3.5
3.5

45.8
48.5
50.8
53.5

褶線 0.2

左脇線

鬆緊帶

數字的標記
S SIZE
M SIZE
L SIZE
LL SIZE
僅標示 1 個數字時表示各尺寸通用

裙片
（4片）

前・後中心線

對接

0.8

作法順序

表布的裁布圖

◆除指定處之外，縫份皆為 1 cm。

後裙片

腰帶

後裙片 2

前裙片 2

前裙片 2

250
270
300
320

2

（正面）

寬112cm

＊於脇線、中心線上進行 Z 字形車縫之後，開始縫合。

1 製作腰帶

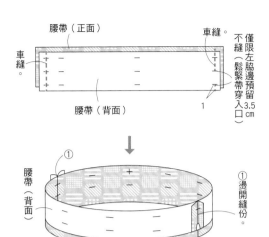

腰帶（正面）
車縫。
車縫。
腰帶（背面）
車縫。
僅限左脇邊預留不縫（鬆緊帶穿入口）3.5cm
1

腰帶（背面）
①
①燙開縫份。
0.8
②摺疊。

2 縫合裙子

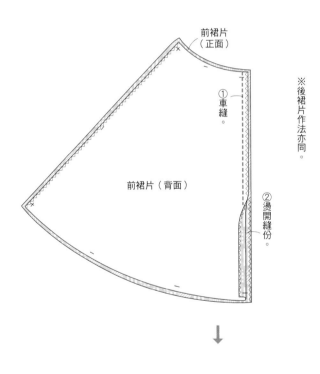

前裙片（正面）
①車縫。
前裙片（背面）
※後裙片作法亦同。
②燙開縫份。

後裙片（正面）
①車縫。
②燙開縫份。
前裙片（背面）

3 接縫腰帶

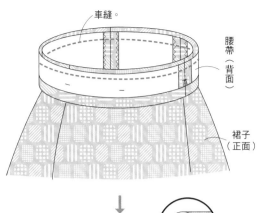

車縫。
腰帶（背面）
裙子（正面）

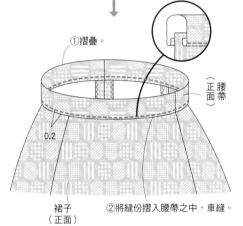

①摺疊。
腰帶（正面）
0.2
裙子（正面）
②將縫份摺入腰帶之中，車縫。

4 縫合下襬線

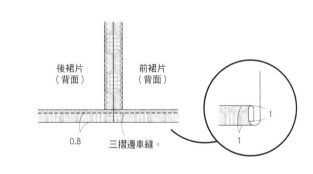

後裙片（背面）
前裙片（背面）
0.8
三摺邊車縫。
1
1

5 穿進鬆緊帶

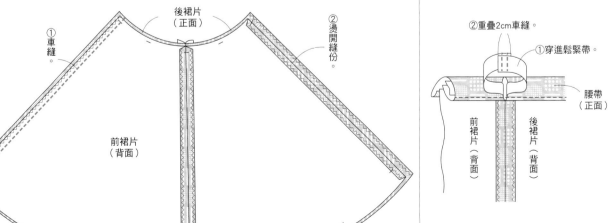

②重疊2cm車縫。
①穿進鬆緊帶。
腰帶（正面）
前裙片（背面）
後裙片（背面）

P. 44 **31**

P. 44 **32**

P. 44 **33**

材料			
No.31 表布	牛津印花布／14700（#80A）	寬112cm	50cm
No.32 表布	綾織印花布／KTS3676（#B）	寬110cm	50cm
No.33 表布	nina 襯衫印花布／148-1790（#A3）	寬110cm	50cm
No.31 裡布	TYPEWRITER CLOTH 高密度平織布／12000（#D16）	寬108cm	50cm
No.32 裡布	TYPEWRITER CLOTH 高密度平織布／12000（#L2）	寬108cm	50cm
No.33 裡布	TYPEWRITER CLOTH 高密度平織布／12000（#M36）	寬108cm	50cm
單膠鋪棉		寬100cm	50cm
織帶		寬3cm	100cm

關於紙型

◆原寸紙型：使用 D 面 No. 31。

使用部件：袋布。

※提把未附原寸紙型，請自行製圖。

＜紙型・製圖＞ ☐＝原寸紙型

提把（織帶・2片）

3

← 49（包含2cm縫份部分） →

提把接縫位置

0.2

裡布

單膠鋪棉

袋布

（表布・裡布・單膠鋪棉 各2片）

◆ 縫份為 1 cm

☐＝單膠鋪棉黏貼位置

表布的裁布圖

摺雙

表袋布

（正面）

50

No. 31 寬112cm
No. 32・33 寬110cm

裡布的裁布圖

摺雙

裡袋布

（正面）

50

寬108cm

作法

＊於表袋布上黏貼單膠鋪棉之後，開始縫合。

1 縫合尖褶

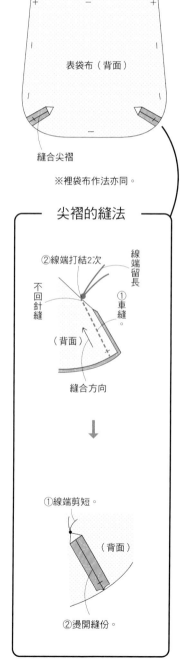

表袋布（背面）

縫合尖褶

※裡袋布作法亦同。

尖褶的縫法

②線端打結2次
線端留長
不回針縫
①車縫。
（背面）
縫合方向

↓

①線端剪短。
（背面）
②燙開縫份。

2 接縫提把

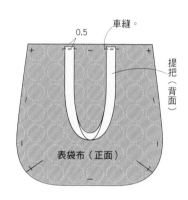

0.5 車縫。

提把（背面）

表袋布（正面）

3 縫合袋布

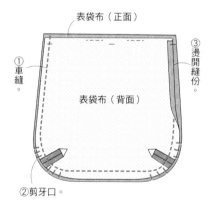

表袋布（正面）

①車縫。
表袋布（背面）
②剪牙口。
③燙開縫份。

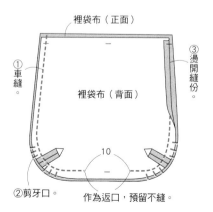

裡袋布（正面）

①車縫。
裡袋布（背面）
②剪牙口。
③燙開縫份。
10
作為返口，預留不縫。

4 縫合表袋布與裡袋布

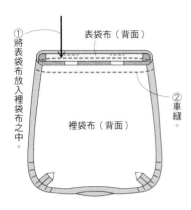

① 將表袋布放入裡袋布之中。

表袋布（背面）

裡袋布（背面）

② 車縫。

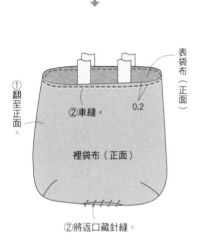

① 翻至正面。

② 車縫。

0.2

表袋布（正面）

裡袋布（正面）

② 將返口藏針縫。

5 縫製完成

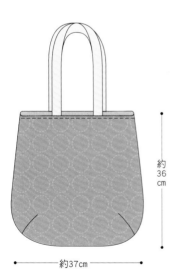

約36cm

約37cm

P. 38 **29**

材料			
表布	緹花雙層紗布／CLT308（#04A）	寬112cm	130cm

關於紙型

◆未附原寸紙型。

※未附原寸紙型，因此請直接畫於布上之後，進行裁剪。

表布的裁布圖

◆直接在布料上裁剪。

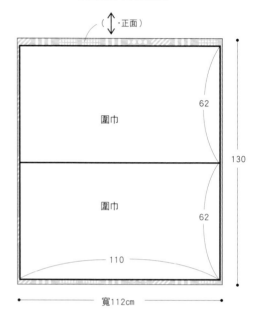

（ ↕ ·正面）

圍巾

62

130

圍巾

62

110

寬112cm

作法

1 縫合接縫處

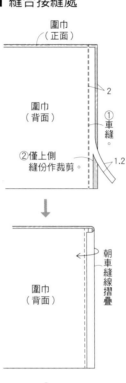

圍巾（正面）

圍巾（背面）

2

① 車縫。

② 僅上側縫份作裁剪。

1.2

圍巾（背面）

朝車縫線摺疊

① 縫份倒向單側。

0.2

② 車縫。

圍巾（背面）　圍巾（背面）

2 製作流蘇

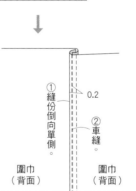

4

① 車縫。

② 使用錐子，每次拔除1至2條經線。

圍巾（正面）

※另一側作法亦同。

3 縫合邊端

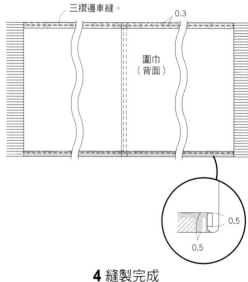

三摺邊車縫。

0.3

圍巾（背面）

0.5

0.5

4 縫製完成

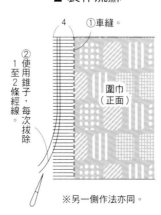

約216

60

101

P.46 **34**

材料			
表布	11號彩色帆布／AD70000（#249）	寬92cm	120cm

◆除指定處之外，縫份皆為 1 cm。

關於紙型

◆原寸紙型：使用 C 面 No. 34。

使用部件：袋蓋。

※袋布、口布、前貼邊、肩帶未附原寸紙型，請自行製圖。

＜紙型・製圖＞　□＝原寸紙型

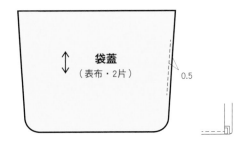

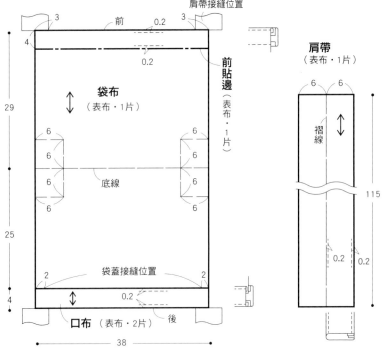

肩帶
（表布・1片）

2 接縫袋蓋、表口布

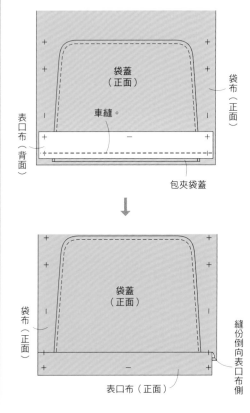

作法

1 製作袋蓋

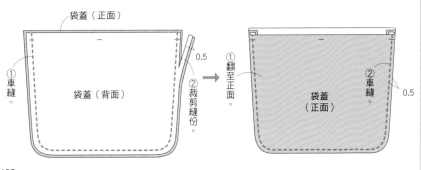

3 縫合裡口布與前貼邊

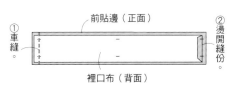

4 縫合脇線

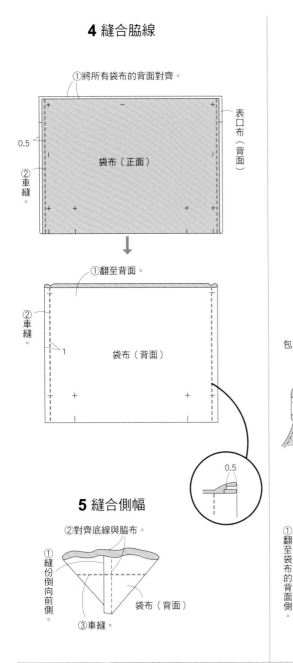

①將所有袋布的背面對齊。

表口布（背面）

0.5

②車縫。

袋布（正面）

①翻至背面。

②車縫。

1

袋布（背面）

0.5

5 縫合側幅

②對齊底線與脇布。

①縫份倒向前側。

③車縫。

袋布（背面）

6 製作肩帶

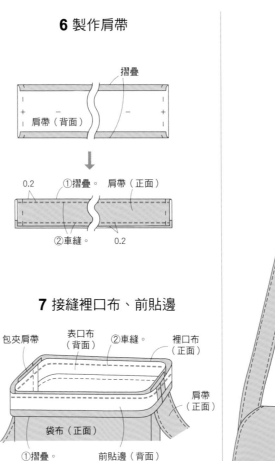

摺疊

肩帶（背面）

0.2

①摺疊。　肩帶（正面）

②車縫。　0.2

7 接縫裡口布、前貼邊

包夾肩帶　表口布（背面）　②車縫。　裡口布（正面）

肩帶（正面）

袋布（正面）

①摺疊。　前貼邊（背面）

①翻至袋布的背面側。

裡口布（正面）

0.2

0.2

②車縫。　袋布（正面）

8 縫製完成

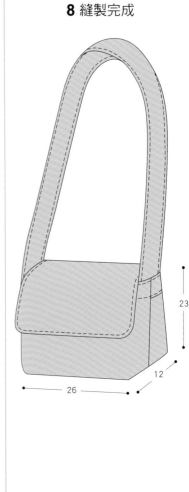

23

12

26

P. 47 **36**

材料（1件份）		
表布	寬 15cm	15cm
胸針用包釦組		1 組

作法

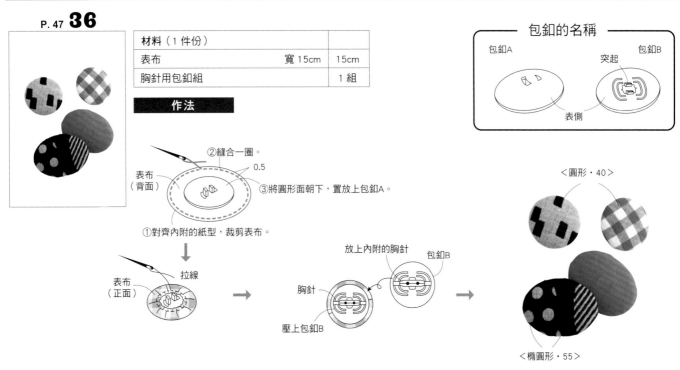

②縫合一圈。

0.5

表布（背面）

③將圓形面朝下，置放上包釦A。

①對齊內附的紙型，裁剪表布。

拉線

表布（正面）

放上內附的胸針　包釦B

胸針

壓上包釦B

包釦的名稱

包釦A

包釦B

突起

表側

表側

＜圓形・40＞

＜橢圓形・55＞

103

bonpon（ボンポン）

bon（夫）與 pon（妻）是一對住在仙台市的 60 世代夫婦。一同以白髮與眼鏡為他們的個人特色。從 2016 年 12 月開始在 Instagram 上傳情侶裝扮，以時尚夫婦之名引領風潮，粉絲數量激增。2021 年 3 月至今，粉絲已超過 84 萬人。著有《bon 與 pon 情侶裝夫婦時尚穿搭實例手冊》（主婦之友社）、《第二人生，你好》（大和書房）等書。

Instagram: @bonpon511

國家圖書館出版品預行編目 (CIP) 資料

不管幾歲都時髦・人氣 KOL 的手作夫婦情侶裝 / bonpon 著；彭小玲譯 . -- 初版 . – 新北市：雅書堂文化，2022.11
　面；　公分 . -- (Sewing 縫紉家；46)
ISBN 978-986-302-646-4 (平裝)
1. 縫紉 2. 衣飾 3. 手工藝

426.3　　　　　　　　　　　111016407

縫紉家 46

不管幾歲都時髦・
人氣 KOL 的手作夫婦情侶裝

作　　者／bonpon
譯　　者／彭小玲
發 行 人／詹慶和
執行編輯／劉蕙寧
編　　輯／蔡毓玲・黃璟安・陳姿伶
執行美編／周盈汝
美術編輯／陳麗娜・韓欣恬
內頁排版／周盈汝
出 版 者／雅書堂文化事業有限公司
發 行 者／雅書堂文化事業有限公司
郵政劃撥帳號／18225950
戶　　名／雅書堂文化事業有限公司
地　　址／新北市板橋區板新路 206 號 3 樓
電　　話／(02)8952-4078
傳　　真／(02)8952-4084
網　　址／www.elegantbooks.com.tw
電子信箱／elegant.books@msa.hinet.net

2022 年 11 月初版一刷　定價 580 元

Lady Boutique Series No.8095
BONPON SAN NO NANSAI DEMO OSHARE WO TANOSHIMERU TEZUKURI FUKU
© 2021 Boutique-Sha, Inc.
All rights reserved.
Original Japanese edition published in Japan by BOUTIQUE-SHA.
Chinese (in complex character) translation rights arranged with BOUTIQUE-SHA through Keio Cultural Enterprise Co., Ltd., New Taipei City, Taiwan.

經銷／易可數位行銷股份有限公司
地址／新北市新店區寶橋路 235 巷 6 弄 3 號 5 樓
電話／(02)8911-0825
傳真／(02)8911-0801

布地提供

大塚屋

・車道本店　☎ 052-935-4531
・岐阜店　☎ 058-264-6551
・江坂店　☎ 06-6369-1236
HP　http://otsukaya.co.jp
網路商店　https://otsukaya.co.jp/store

布料可利用網路購買

副資材提供

可樂牌 Clover 株式會社
☎ 06-6978-2277（客服專線）
https://clover.co.jp

STAFF

編集：井上真実　松井麻美
撮影：藤田律子
書籍設計：牧陽子
製圖：榊原由香里
紙型：宮路睦子
模特兒：Kanoco　小池翼
髮妝師：三輪昌子
作法校閱：菊池絵理香
縫製：小澤のぶ子　金丸かほり　酒井三菜子　渋澤富砂幸
　　　寺杣ちあき　西村明子　古屋範子　吉田みか子

不管幾歲都時髦

bonpon

人氣 KOL 的手作
夫婦情侶裝

不管幾歲都時髦

bonpon

人氣 KOL 的手作
夫婦情侶裝